职业教育**大数据专业**系列教材

数据库基础

SHUJUKU JICHU

主　编　彭　阳　李小平

副主编　刘　丹　张立里　陈　勇　陈　亮

参　编　周　震　伍飞宇　方小婷　王　林

傅友源　张鑫晨

重庆大学出版社

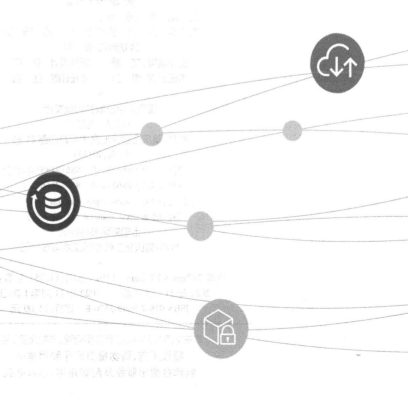

图书在版编目(CIP)数据

数据库基础 / 彭阳，李小平主编. -- 重庆 : 重庆大学出版社，2022.11

职业教育大数据专业系列教材

ISBN 978-7-5689-3570-8

Ⅰ. ①数… Ⅱ. ①彭… ②李… Ⅲ. ①数据库系统—职业教育—教材 Ⅳ. ①TP311.13

中国版本图书馆 CIP 数据核字(2022)第 201799 号

职业教育大数据专业系列教材

数据库基础

主 编 彭 阳 李小平

副主编 刘 丹 张立里 陈 勇 陈 亮

策划编辑:章 可

责任编辑:文 鹏 版式设计:章 可

责任校对:谢 芳 责任印制:赵 晟

*

重庆大学出版社出版发行

出版人:饶帮华

社址:重庆市沙坪坝区大学城西路 21 号

邮编:401331

电话:(023) 88617190 88617185(中小学)

传真:(023) 88617186 88617166

网址:http://www.cqup.com.cn

邮箱:fxk@cqup.com.cn (营销中心)

全国新华书店经销

POD:重庆新生代彩印技术有限公司

*

开本:787mm×1092mm 1/16 印张:11.75 字数:223千

2022 年 11 月第 1 版 2022 年 11 月第 1 次印刷

ISBN 978-7-5689-3570-8 定价:32.00 元

FOREWORD

前 言

数据库技术是现代信息科学与技术的重要组成部分，是信息处理的核心技术之一，广泛应用于各类信息系统，在社会各个领域发挥着重要作用。数据库课程是计算机各专业的必修核心课程，也是信息管理、物联网、电子类等其他专业的必修课程。随着社会对基于计算机网络和数据库技术的信息管理系统、应用系统需求量增加，各类人员对数据库理论与技术的需求也在不断增强。另外，MySQL 是目前全球受欢迎的数据库管理系统之一，Google、百度、网易、新浪等大型网络公司都选择使用 MySQL 数据库。同时，MySQL 数据库因其体积小、速度快、成本低、开源、易于安装等特点，非常适合教学。结合目前行业需求，本书以提高应用能力为目的，以 MySQL 应用案例为主线，具有实例引导、项目驱动的特点，力求培养用户的数据库设计和应用能力。

本书编写是以“实用，好用，够用”为原则，帮助用户掌握数据库系统的基本原理、技术和方法，提高用所学知识解决实际问题的动手能力。本书以图书管理系统和生产管理系统为练习实例，从具体问题分析开始，在解决问题的过程中讲解知识，介绍操作技能。本书的示例均用 SQL 语句实施和管理，可作为初学者的入门指南，又可作为中、高级用户的参考手册，同时也可作为各大、中专院校和培训班的数据库基础教材。本书总共包含 9 个章节，其中第 1，2 章主要讲解数据库基础知识及安装方法；第 3，4，5，6 章主要讲解数据库设计及基本操作，包括如何设计 E－R 图，数据库及表的基本操作，对数据的增删改查等常用操作；第 7 章主要讲解视图；第 8 章主要讲解索引，提高 MySQL 查询效率；第 9 章主要讲解存储过程及函数，包括 MySQL 流程控制语句，创建和管理存储过程的方法。

本书由彭阳、李小平主编，负责全书的架构设计、部分章节的编写及全书审稿、统稿，刘丹、张立里、陈勇、陈亮任副主编，周震、伍飞宇、方小婷、王林、傅友源、张鑫晨参与了本书的编写。本书的编写还得到了重庆工信职业学院和重庆翰海睿智大数据科技股份有限公司研发团队的大力支持和帮助，在此感谢他们对本书出版过程中提供的各种贡献。

由于编者水平有限，书中疏漏与错误之处在所难免，恳切希望广大读者多提宝贵意见。

编 者

2022 年 6 月

CONTENTS

目　录

第1章　数据库基础

现代计算机广泛应用于各项信息管理工作中,在管理过程中要涉及大量信息。为了有效存储、处理和管理日益重要的信息,需要一种现代工具,这就是数据库系统。数据库系统是现代计算机系统的一个重要组成部分,现代的管理信息系统几乎以数据库作为核心。实践证明,在信息技术和互联网应用迅猛发展的今天,数据库技术始终处于核心位置,发挥着日益重要的作用。本章将对数据库的基础知识进行介绍,让同学们对数据库有一个初步的认识。

学习目标

- 了解数据库相关概念
- 掌握数据库和表的关系,以及行和列、主键与外键的含义
- 了解数据库发展的过程
- 掌握数据库管理系统和数据库系统的区别
- 了解 SQL 语言
- 了解常用的关系型数据库管理系统

1.1　数据库基础知识

1.1.1　什么是数据库

数据库技术是信息系统的核心技术之一。数据库技术产生于20世纪60年代末、70年代初,其主要目的是有效地管理和存取大量的数据资源。随着计算机技术的不断发展,数据库技术已成为计算机科学的重要分支。今天,数据库技术不仅应用于事务处理,还应用到情报检索、人工智能、计算机辅助设计等领域。数据库的建设规模、数据库信息量的规模及使用频度已成为衡量一个企业、一个组织乃至一个国家信息化程度高低的重要标志。

数据库技术与人们的生活息息相关。大学校园里,学生会通过学校的“教学管理系

统”查询今日课程信息，在“选课数据库”中可以获取课程名称、上课时间、地点、授课教师等信息；就餐时，在“生活管理系统”中通过一卡通卡号在“一卡通数据库”中读取“卡内金额”，并将“消费金额”等信息写入数据库；图书馆借阅图书时，在“图书管理系统”中通过“图书数据库”查询书籍信息，然后将借阅信息（包括借书证号、姓名、图书编号、借阅日期等）写入数据库等。由此可见，数据库技术的应用已经深入人们生活的方方面面，科学地管理数据显得尤为重要。

1）数据

数据是人们为反映客观世界而记录下来的可以鉴别的物理符号。今天，数据的概念不再局限于狭义的数值数据，还包括文字、声音、图形等一切能被计算机接收和处理的信息。

2）数据处理

数据是重要的资源，人们对收集到的大量数据进行加工、整理、转换，可以从中获取有价值的信息。数据处理正是指将数据转换成信息的过程，是对各种形式的数据进行收集、存储、加工和传播的一系列活动的总和。

3）数据管理

数据处理的中心问题是数据管理。数据管理是对数据进行分类、组织、编码、储存、检索与维护的操作。

4）数据库

数据库是存储在一起的、相互有联系的数据集合。数据库中的数据，其特点是集成、可共享、最小冗余，能为多种应用服务。

5）数据库技术

数据库技术用于研究如何科学地组织和存储数据，以及如何高效地获取和处理数据。数据库技术的特点是面向整体组织数据的逻辑结构，具有较高的数据和程序独立性，具有统一的数据控制功能（完整性控制、安全性控制、并发控制）。

1.1.2　数据库和表

关系数据库是由多个表和其他数据库对象组成的。表是一种最基本的数据库对象，由行和列组成，类似于电子表格。一个关系数据库通常包含多个二维表（称为数据库表或表），从而实现所设计的应用中各类信息的存储和维护。在关系数据库中，如果存在多个表,则表与表之间也会因为字段的关系产生关联,关联性由主键和外键所体现的参照关系实现。关系数据库不仅包含表,还包含其他数据库对象,如关系图、存储过程和索引等,所以,通常提到的关系数据库就是指一些相关的表和其他数据库对象的集合,如图1.1所示。例如,课程表中收集了教师申报课程的相关信息,包括课程名、课程编号、人数上限、授课教师、课程性质及课程状态信息,构成了一张二维表。

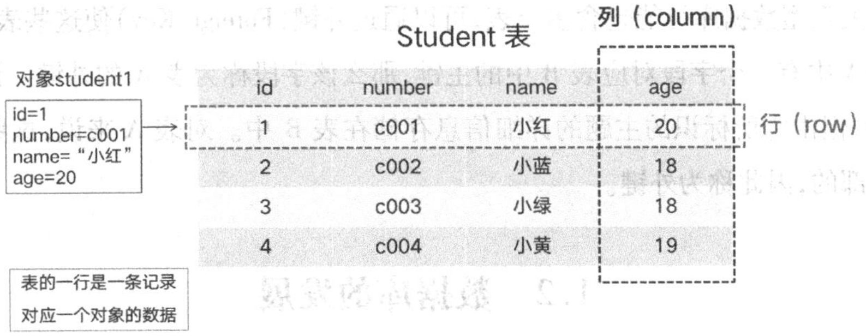

图1.1 表

1.1.3 列和行

数据表中的列也称为字段,用一个列名(也称为字段名)标记。除了字段名行,表中每一行都称为一条记录。初看上去,关系数据库中的一个数据表与一个不存在"合并单元"的Excel表格相似,但是同一个数据表的字段名不允许重复,而且为了优化存储空间、便于数据排序,数据库表的每一列要求指定数据类型。

1.1.4 主键与外键

关系型数据库中的一个表由行和列组成,并且要求表中的每行记录必须唯一。在设计表时,可以通过定义主键(Primary Key)来保证记录(实体)的唯一性。一个表的主键由一个或多个字段组成,其值具有唯一性,且不允许去控制。主键的作用是唯一地标识表中的每一条记录。有时候,表中字段都不具有唯一性,即没有任何字段可以作为主键,这时可以考虑使用两个或两个以上字段的组合作为主键。

为表定义主键时,需要注意以下几点:

①以取值简单的关键字作为主键。

②不建议使用复合主键。在设计数据库表时,复合主键会给表的维扩带来不便,因此不建议使用。对应存在复合主键的表,建议向表中添加一个没有实际意义的字段作为该表的主键。

③可以添加一个没有实际意义的字段作为表的主键的方式来解决无法从已有字段选择主键或者存在复合主键的问题。

④当数据库开发人员向数据库中添加一个没有实际意义的字段作为表的主键时，建议该主键的值由数据库管理系统或者应用程序自动生成，既方便，又避免了人为操作引入错误。

一个关系型数据库可能包含多个表，可以通过外键(Foreign Key)使这些表关联起来。如果在表A中有一个字段对应表B中的主键，那么该字段称为表A的外键。该字段出现在表A中，但由它所标识的主题的详细信息存储在表B中。对表A来说，这些信息是存储在表外部的，因此称为外键。

1.2 数据库的发展

1.2.1 人工管理阶段

20世纪50年代中期以前，计算机主要用于科学计算，存储硬件方面只有卡片、纸带、磁带等，没有可以直接访问、直接存取的外部存取设备；软件方面也没有专门的管理数据的软件；数据由应用程序自行携带，数据与程序不能独立，也不能长期保存，如图1.2所示。

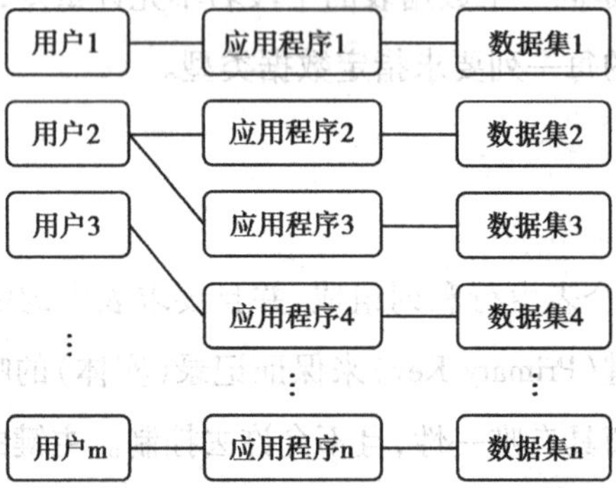

图1.2 人工管理数据与程序的关系

人工管理阶段的特点：数据不进行保存；没有专门的数据管理软件；数据面向应用；基本上没有文件的概念。

1.2.2 文件系统阶段

20世纪50年代中期到60年代中后期，计算机大量应用于数据处理，硬件出现了可以直接存取的磁盘、磁鼓，软件则出现了高级语言和操作系统，以及专门管理外存的数据管理软件，实现了按文件访问的管理技术，如图 1.3 所示。

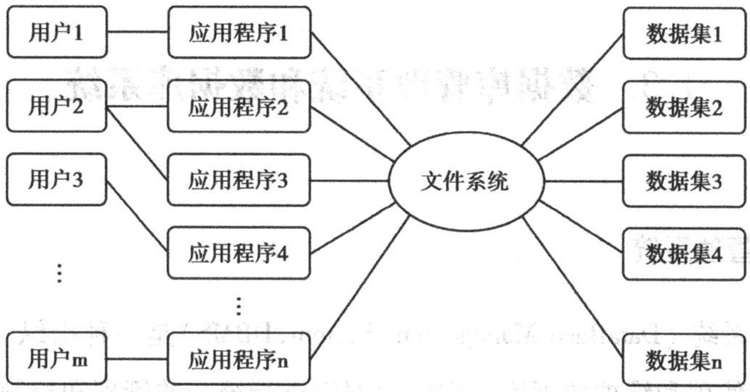

图 1.3　文化系统数据与程序的关系

文件系统阶段特点：程序与数据有了一定的独立性，程序与数据分开，文件系统提供数据与程序之间的存取方法；数据文件可以长期保存在外存上，可以进行诸如查询、修改、插入、删除等操作；数据冗余量大，缺乏独立性，无法集中管理；文件之间缺乏联系，相互孤立，不能反映现实世界各种事物之间错综复杂的联系。

1.2.3　数据库系统阶段

从 20 世纪 60 年代后期开始，人们根据实际需要发展了数据库技术。数据库是通用化的相关数据集合，它不仅包括数据本身，而且包括数据之间的联系。为了让多种应用程序并发地使用数据库中具有最小冗余的共享数据，必须使数据与程序具有较高的独立性，这就需要有一个软件系统对数据实行专门管理，提供安全性和完整性等统一控制，方便用户以交互命令或程序方式对数据库进行操作。为数据库的建立、使用和维护而配置的软件称为数据库管理系统，如图 1.4 所示。

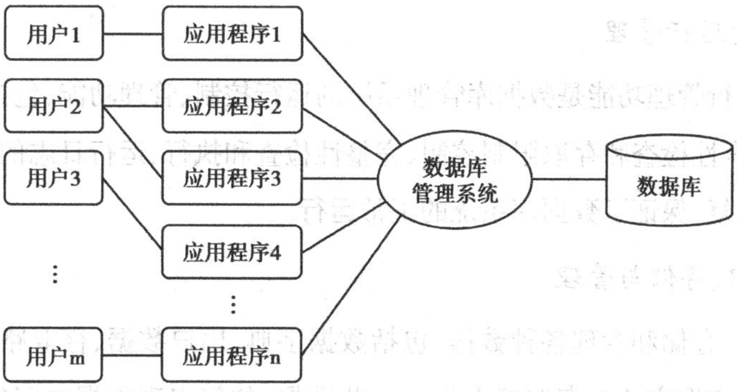

图 1.4　数据库系统数据与程序的关系

数据库系统阶段的特点:数据结构化;数据共享性和独立性好;数据存取粒度小;数据库管理系统对数据进行统一的管理和控制,为用户提供了友好的接口。

1.3 数据库管理系统和数据库系统

1.3.1 数据库管理系统

数据库管理系统(DataBase Management System,DBMS)是一种操纵和管理数据库的软件,用于建立、使用和维护数据库。它对数据库进行统一的管理和控制,以保证数据库的安全性和完整性。用户通过数据库管理系统访问数据库中的数据,数据库管理员也通过数据库管理系统进行数据库的维护工作。它可使多个应用程序和用户用不同的方法在同时或不同时刻去建立、修改和询问数据库。

数据库管理系统主要提供如下功能:

1)数据定义

数据库管理系统提供数据定义语言(Data Definition Language,DDL),供用户定义数据库的三级模式结构、两级映像以及完整性约束和保密限制等约束。DDL 主要用于建立、修改数据库的库结构。DDL 所描述的库结构仅仅给出了数据库的框架,数据库的框架信息被存放在数据字典(Data Dictionary)中。

2)数据操作

数据库管理系统提供数据操作语言(Data Manipulation Language,DML),供用户实现对数据的追加、删除、更新、查询等操作。

3)数据库的运行管理

数据库的运行管理功能是数据库管理系统的运行控制、管理功能,包括多用户环境下的并发控制、安全性检查和存取限制控制、完整性检查和执行、运行日志的组织管理、事务的管理和自动恢复,保证了数据库系统的正常运行。

4)数据组织、存储与管理

要分类组织、存储和管理各种数据,包括数据字典、用户数据、存取路径等,需确定以何种文件结构和存取方式在存储级上组织这些数据,如何实现数据之间的联系。数据组织和存储的基本目标是提高存储空间利用率,选择合适的存取方法提高存取效率。

5)数据库的保护

数据库中的数据是信息社会的战略资源,所以数据的保护至关重要。数据库管理系统对数据库的保护通过四个方面来实现:数据库的恢复、数据库的并发控制、数据库的完整性控制、数据库安全性控制。其他保护功能还有系统缓冲区的管理以及数据存储的某些自适应调节机制等。

6)数据库的维护

数据库的维护包括数据库的数据载入、转换、转储、数据库的重组和重构以及性能监控等功能,这些功能分别由各个使用程序来完成。

7)通信

数据库管理系统具有与操作系统的联机处理、分时系统及远程作业输入的相关接口,负责处理数据的传送。网络环境下的数据库系统,还应该包括与网络中其他软件系统的通信功能以及数据库之间的互操作功能。

1.3.2　数据库系统

数据库系统(DataBase System,DBS)是为了适应数据处理的需要而发展起来的一种较为理想的数据处理系统,也是一个为了实际可运行的存储、维护和应用系统提供数据的软件系统,是存储介质、处理对象和管理系统的集合体。一般由4个部分组成,如图1.5所示。

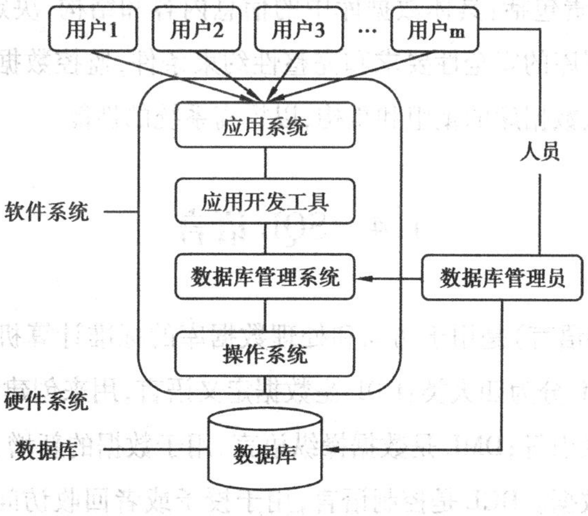

图1.5　数据库系统的组成

1)数据库

数据库中的数据按一定的数学模型组织、描述和存储,具有较小的冗余,较高的数据独立性和易扩展性，并可为各种用户共享。

2）硬件系统

硬件系统是指构成计算机系统的各种物理设备，包括存储所需的外部设备。硬件的配置应满足整个数据库系统的需要。

3）软件系统

软件系统包括操作系统、数据库管理系统及应用程序。数据库管理系统是数据库系统的核心软件，是在操作系统（如 Windows、Linux 等操作系统）的支持下工作，解决如何科学地组织和存储数据，如何高效获取和维护数据的系统软件。

4）人员

人员主要有四类。

第一类为系统分析员和数据库设计人员。系统分析员负责应用系统的需求分析和规范说明，他们和用户及数据库管理员一起确定系统的硬件配置，并参与数据库系统的概要设计。数据库设计人员负责数据库中数据的确定、数据库各级模式的设计。

第二类为应用程序员，负责编写使用数据库的应用程序。这些应用程序可对数据进行检索、建立、删除或修改。

第三类为最终用户，他们利用系统的接口或查询语言访问数据库。

第四类用户是数据库管理员（data base administrator，DBA），负责数据库的总体信息控制。DBA 的具体职责包括：具体数据库中的信息内容和结构，决定数据库的存储结构和存取策略，定义数据库的安全性要求和完整性约束条件，监控数据库的使用和运行，负责数据库的性能改进、数据库的重组和重构，以提高系统的性能。

1.4 SQL 语言

SQL（结构化查询语言）是用于访问和处理数据库的标准计算机语言，也是关系型数据库的标准语言。SQL 分为四大类：DDL 是数据定义语言，用来创建和管理数据库的各种对象，比如表、视图、索引等；DML 是数据操纵语言，用于数据的新增、更新、删除。DQL 是查询语言，用于获取数据。DCL 是控制语言，用于授予或者回收访问数据库的某种特权，并控制数据库操纵事物发生的时间、效果，对数据库进行监视等。

1.5 常用的关系型数据库管理系统

常用的数据库有 Access、Oracle、MySQL、SQL Server、SQLite 等。

1.5.1 MySQL

MySQL 是一个小型关系型数据库管理系统,开发者为瑞典的 MySQL AB 公司。目前 MySQL 被广泛地应用于 Internet 上的中小型网站。其具有体积小、速度快、总体拥有成本低、源码开放的特点。许多中小型网站为了降低网站总体拥有成本而选择 MySQL 作为网站数据库。目前,Internet 上流行的网站构架方式是 LAMP(Linux + Apache + MySQL + PHP),即使用 Linux 作为操作系统,Apache 作为 Web 服务器,MySQL 作为数据库,PHP 作为服务器端脚本解释器。由于这 4 个软件都是遵循 GPL 的开放源码软件,因此使用这种方式不用花一分钱就可以建立起一个稳定、免费的网站系统。MySQL 数据库最令人欣赏的特性之一在于,它采用的是开放式架构,甚至允许第三方开发自己的数据存储引擎,这吸引了大量第三方公司的注意并乐于投身于此。

1.5.2 Oracle

Oracle 是世界上第一个开放式商品化关系型数据库管理系统,于 1983 年推出。它采用标准的 SQL 结构化查询语言,支持多种数据类型,提供面向对象存储的数据支持,具有第四代语言开发工具,支持 Unix、Windows NT、OS/2、Novell 等多种平台。除此之外,它还具有很好的并行处理功能。Oracle 产品主要由 Oracle 服务器产品、Oracle 开发工具、Oracle 应用软件组成,也有基于微机的数据库产品,主要用于满足金融、保险等行业对开发大型数据库的需求。

1.5.3 SQL Server

SQL Server 是微软公司开发的大型关系型数据库系统。SQL Server 的功能比较全面,效率高,可以作为大中型企业或单位的数据库平台。同时,该产品继承了微软产品界面友好、易学易用的特点,与其他大型数据库产品相比,在操作性和交互性方面独树一帜。SQL Server 可以与 Windows 操作系统紧密集成,这种安排使 SOL Server 能充分利用操作系统所提供的特性,不论是应用程序开发速度,还是系统事务处理运行速度,都得到较大的提升。另外,SQL Server 可以借助浏览器实现数据库查询功能,并支持内容丰富的扩展标记语言(XML),提供了全面支持 Web 功能的数据库解决方案。SQL Server 的缺点是只能在 Windows 系统下运行。

1.5.4 Access

Access 是在 Windows 操作系统下工作的关系型数据库管理系统。Access 被集成到 Office 中,具有 Office 系列软件的一般特点。它采用了 Windows 程序设计理念,以 Windows 特有的技术设计查询、用户界面、报表等数据对象,提供图形化的查询工具和报表生成器。但是,在数据定义、数据安全可靠、数据有效控制等方面,它比前述几种数据库产品要逊色不少。

本章小结

本章介绍数据库的相关概念:数据,数据处理,数据管理,数据库,数据库技术,数据库的表、列和行,主键与外键,数据库管理系统,数据库系统;数据库的发展:人工管理阶段,文件系统阶段,数据库系统阶段;常用的关系型数据库管理系统:MySQL、Oracle、SQL Server、Access 等。

课后习题

1. 在数据库中存储的是(　　)。

A. 数据　　B. 数据模型

C. 数据以及数据之间的联系　　D. 信息

2. 关于如何定义表的主键,说法错误的是(　　)。

A. 主键由一个或多个字段组成　　B. 主键的值具有唯一性

C. 组成主键的字段越多越好　　D. 主键的作用是唯一地标识表中的每一条记录

3. 数据管理技术在发展过程中,经历了人工管理阶段、文件系统阶段和数据库系统阶段。在这几个阶段中,数据独立性最高的阶段是(　　)。

A. 数据库系统阶段　　B. 文件系统阶段

C. 人工管理阶段　　D. 数据项管理阶段

4. 数据管理与数据处理之间的关系是(　　)。

A. 两者是一回事

B. 两者无关

C. 数据管理是数据处理的基本环节

D. 数据处理是数据管理的基本环节

5. 数据库系统的核心是(　　)。

A. 数据库　　B. 数据库管理系统

C. 数据模型　　D. 软件工具

第 2 章　MySQL 简介

MySQL 是一个小型关系型数据库管理系统，开发者为瑞典 MySQL AB 公司，在 2008 年 1 月 16 号被 SUN 公司收购。而 2009 年，SUN 公司又被 Oracal 公司收购。目前，MySQL 被广泛应用在 Internet 上的中小型网站中。由于其体积小、速度快、总体拥有成本低，尤其是开放源码这一特点，许多中小型网站为了降低网站总体成本而选择 MySQL 作为网站数据库。

学习目标

- 掌握 MySQL 服务器的安装与配置
- 掌握服务器的连接与断开
- 能重置 root 密码
- 掌握 Navicat for MySQL 的使用

2.1　数据库管理系统简介

Oracle 数据库管理系统是由甲骨文（Oracle）公司开发的，覆盖了大、中、小型计算机等几十种计算机型，成为世界上使用最广泛的关系型数据管理系统。

SQL Server 是由微软公司开发的一种关系型数据库管理系统，它已广泛用于电子商务、银行、保险、电力等行业。SQL Server 提供了对 XML 和 Internet 标准的支持，具有强大的、灵活的、基于 Web 的应用程序管理功能。

DB2 数据库是由 IBM 公司研制的一种关系型数据库管理系统，主要应用于 OS/2、Windows 等平台下，具有较好的可伸缩性，可支持从大型计算机到单用户环境。

MongoDB 是由 10gen 公司开发的一个介于关系数据库和非关系数据库之间的产品，是非关系数据库当中功能最丰富、最像关系数据库的管理系统。

MySQL 数据库管理系统是由瑞典的 MySQLAB 公司开发的，是一个多用户、多线程的小型数据库服务器。而且 MySQL 是开源的，任何人都可以获得该数据库的源代码并修正 MySQL 的缺陷。

2.2　MySQL 的优势

①速度快。MySQL 数据库可能是目前最快的数据库。

②连接性和安全性。MySQL是完全网络化的,其数据库可在因特网上访问,因此,可以和任何地方的任何人共享数据库,而且MySQL还能进行访问控制,能够控制特定用户不允许其访问数据。

③可移植性。MySQL可运行在各种版本的Unix系统及其他非Unix(如Windows和OS/2)系统上,从家用PC到高级服务器都可运行MySQL。

④支持SQL语言。MySQL支持这种现代数据库系统都选用的语言。

⑤成本优势。MySQL对多数个人用户来说是免费的。

2.3 Windows 平台下安装与配置 MySQL

2.3.1 安装 MySQL

MySQL8.0.27 的安装

(1)下载Windows版的MySQL8.0.27安装包,如图2.1所示。

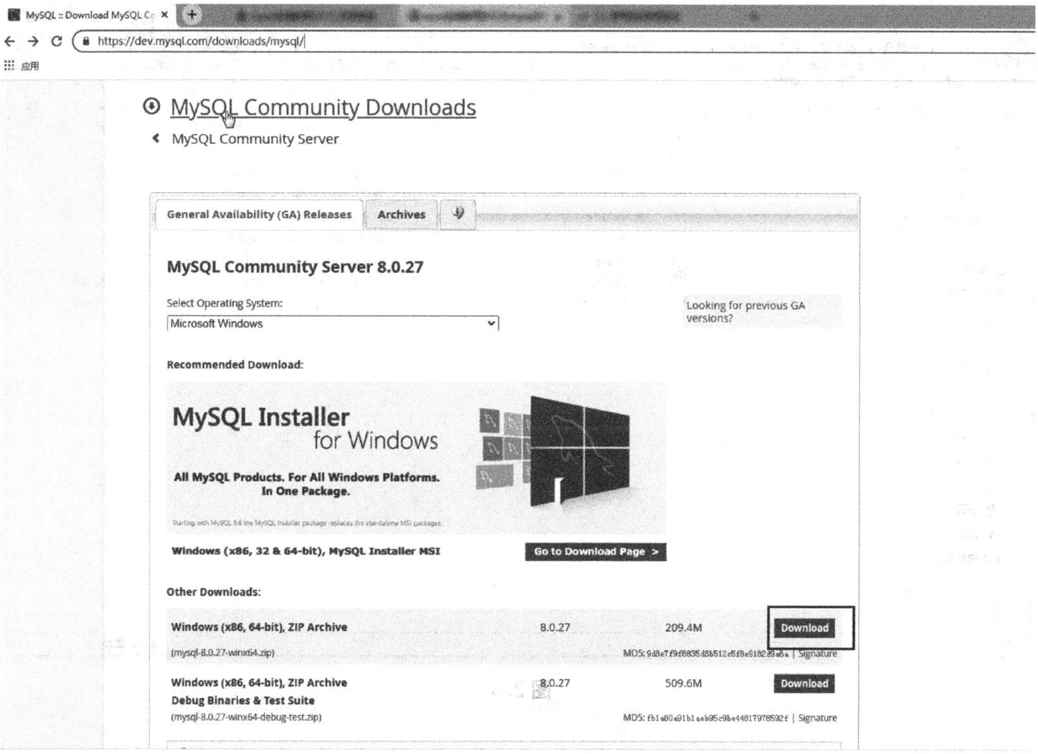

图2.1

(2)官网为英文,可以将网站复制到谷歌浏览器进行翻译,如图 2.2 所示。

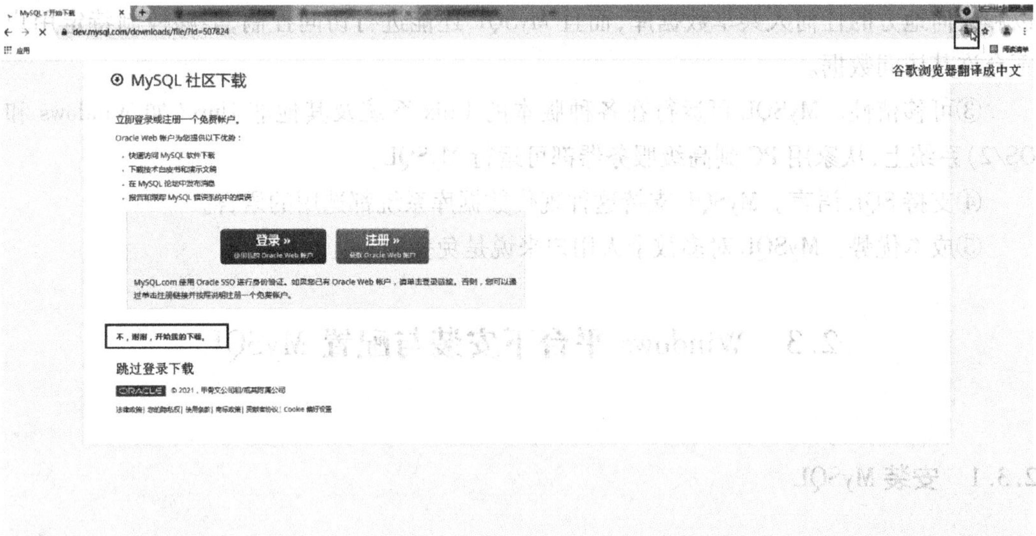

图 2.2

(3)将下载的 zip 压缩包文件解压,解压后如图 2.3 所示。

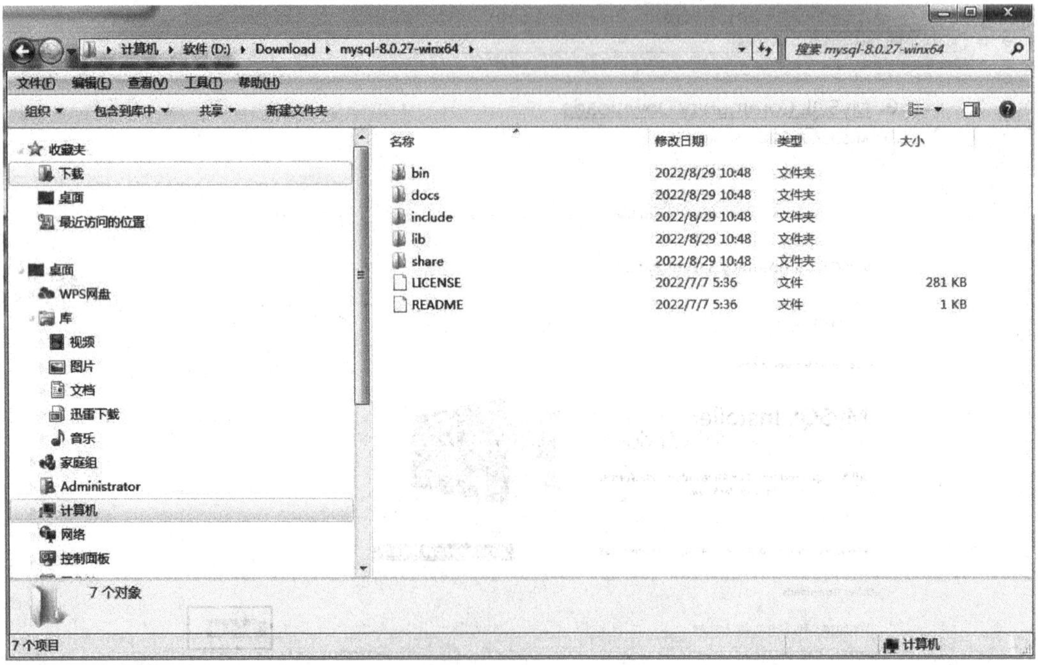

图 2.3

2.3.2 配置 Path 变量

(1)右击"我的电脑",单击"属性"。

(2)单击“高级系统设置”,如图 2.4 所示。

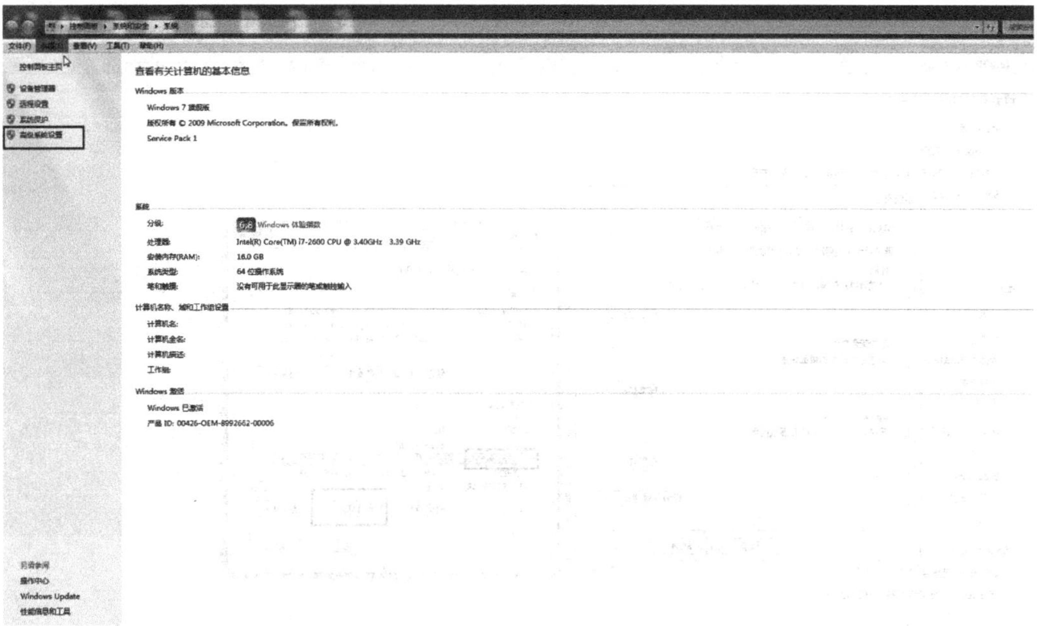

图 2.4

(3)单击“环境变量”,如图 2.5 所示。

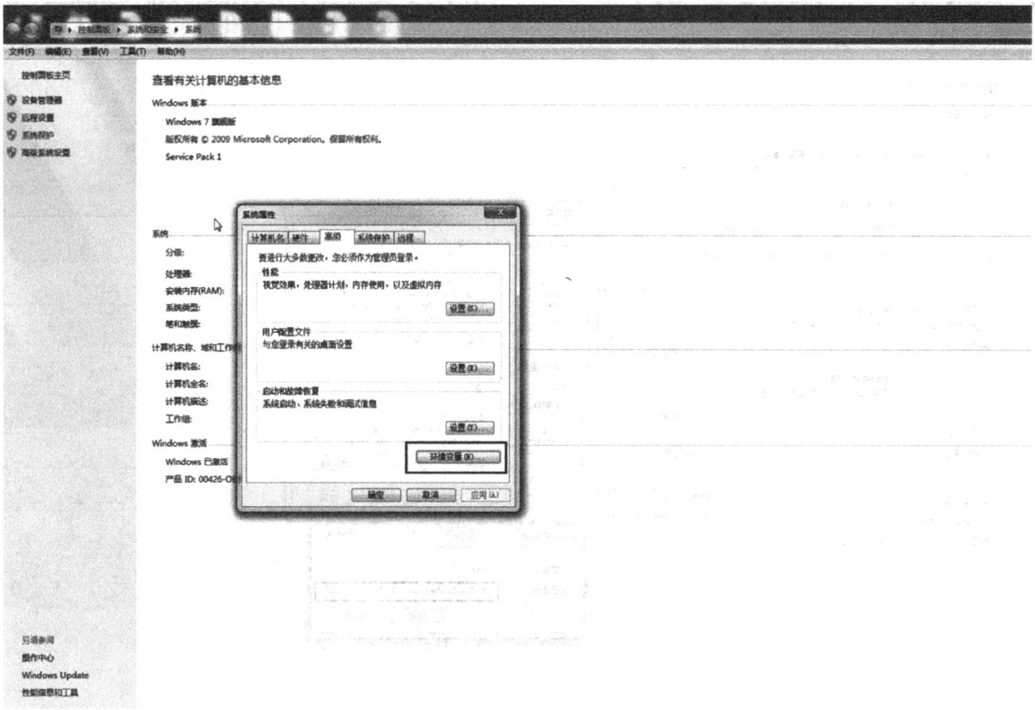

图 2.5

(4)在系统变量中找到“Path”,单击“编辑”,如图 2.6 所示。

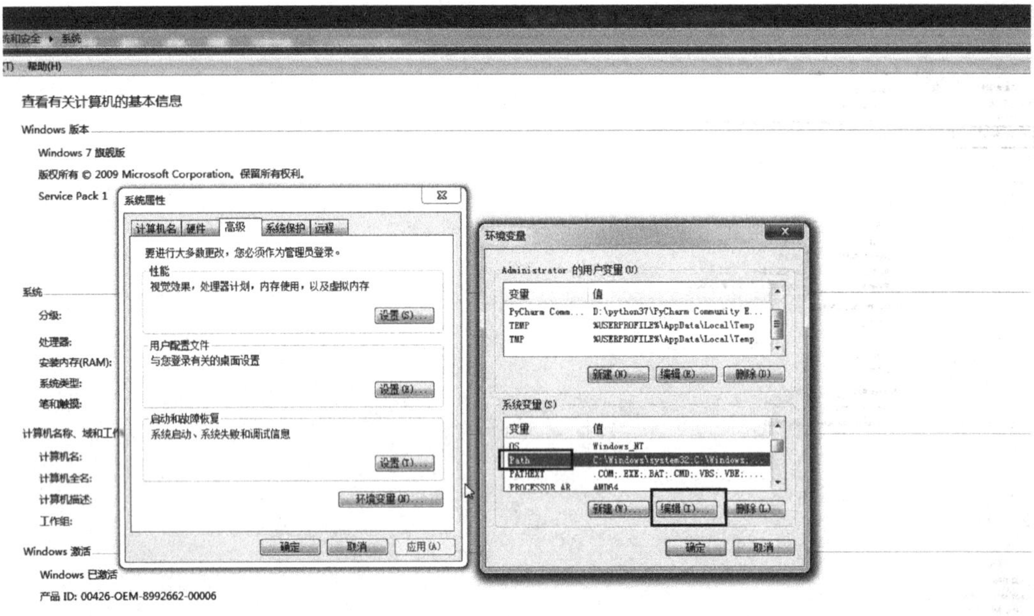

图 2.6

(5)单击“编辑”,把安装 MySQL 的 bin 路径放上去,如图 2.7 所示。

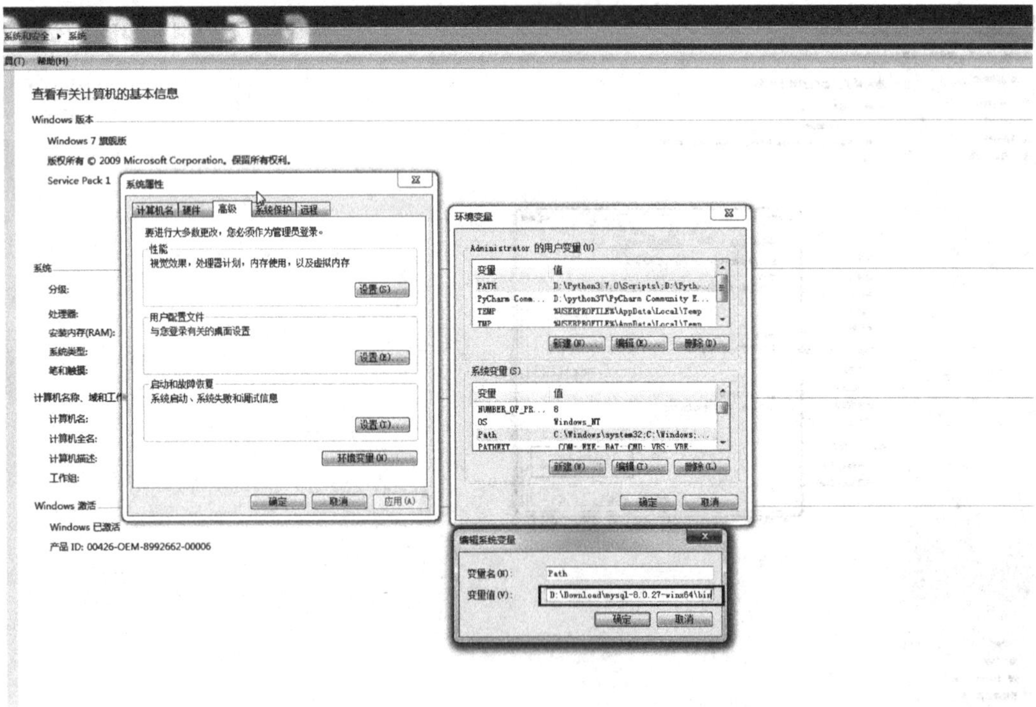

图 2.7

本例路径是 D:\Download\mysql-8.0.27-winx64\bin,如图 2.8 所示,所以环境变量中

写的就是这个路径。配置好环境变量后单击“确定”。

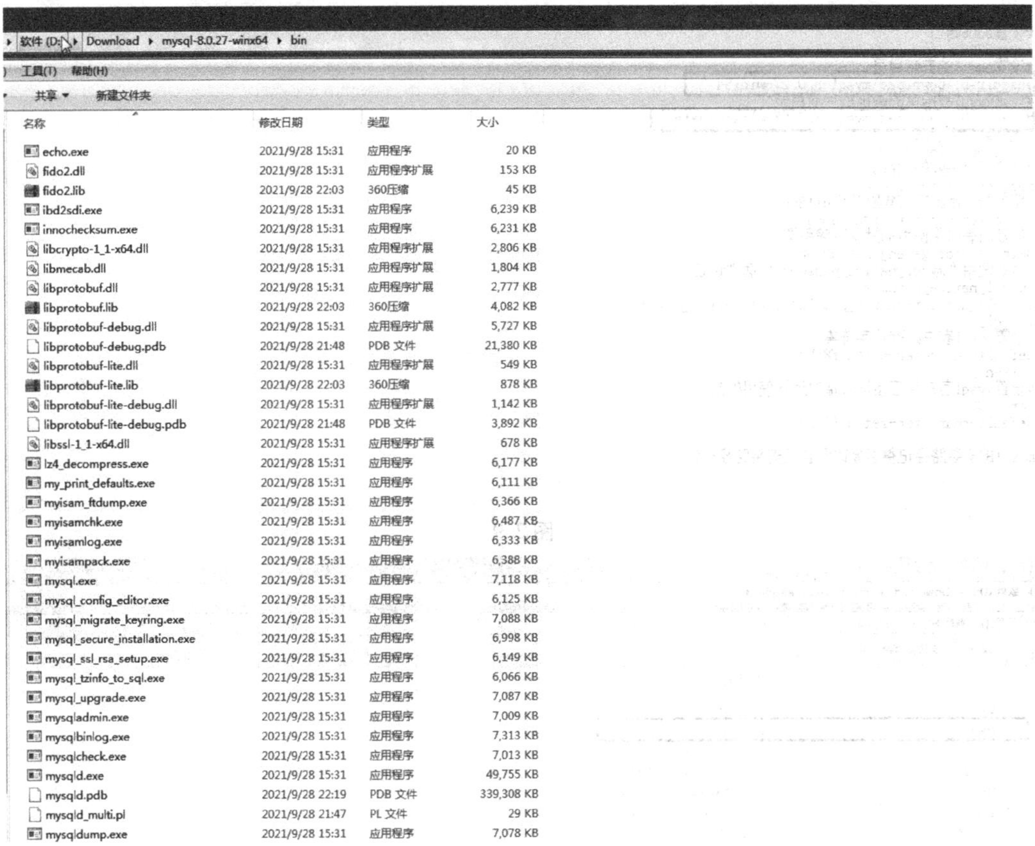

图 2.8

2.3.3 配置 MySQL

(1)因为最新版本的 zip 中没有 my. ini 文件,需要自己新建一个 my. ini 文件(my. ini 是配置文件,比如端口、连接数等)检查位置,如图 2.9 所示。

(2)如果 mysql-8.0.27-winx64 根目录下没有 Data 文件夹就新建一个 Data 文件夹,如图 2.10、图 2.11 所示。

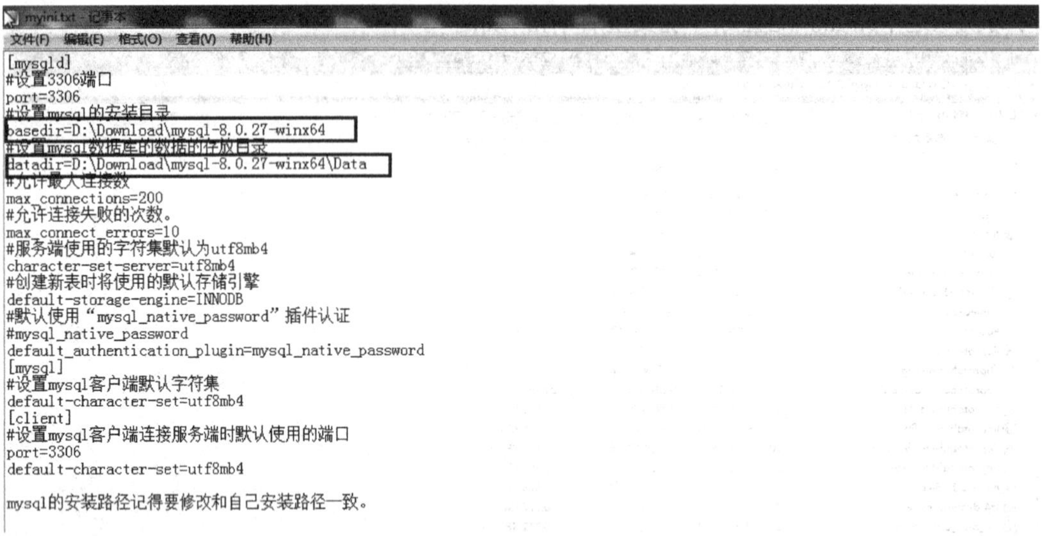

图 2.9

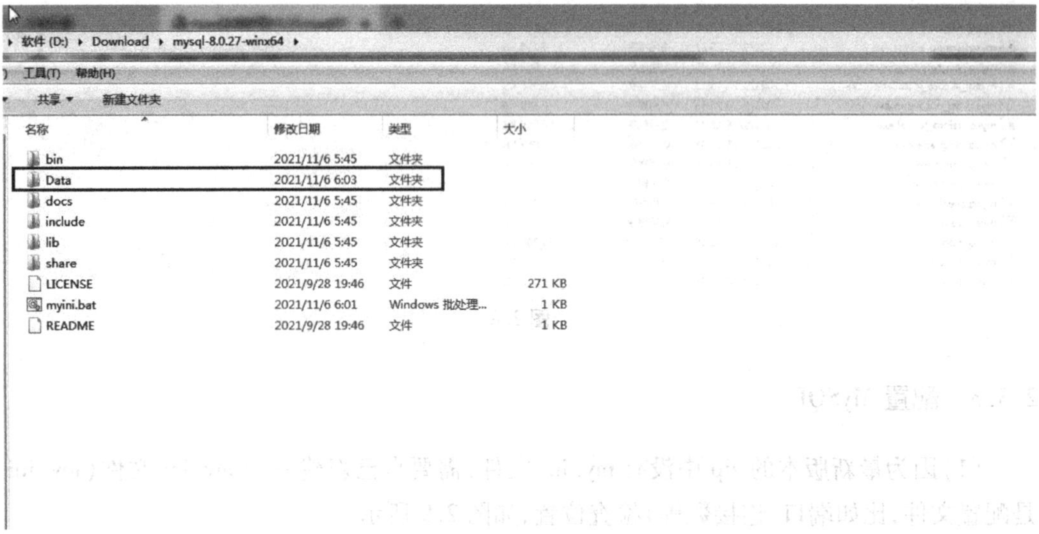

图 2.10

(3)在 bin 目录下输入 cmd，以管理员身份打开命令，如图 2.12 所示。

(4)输入 cmd 后直接回车，如图 2.13 所示。然后运行 mysqld--initialize--console 命令。执行后找到“A temporary password is generated for root@ localhost：”这句，localhost 后面就是初始化密码。

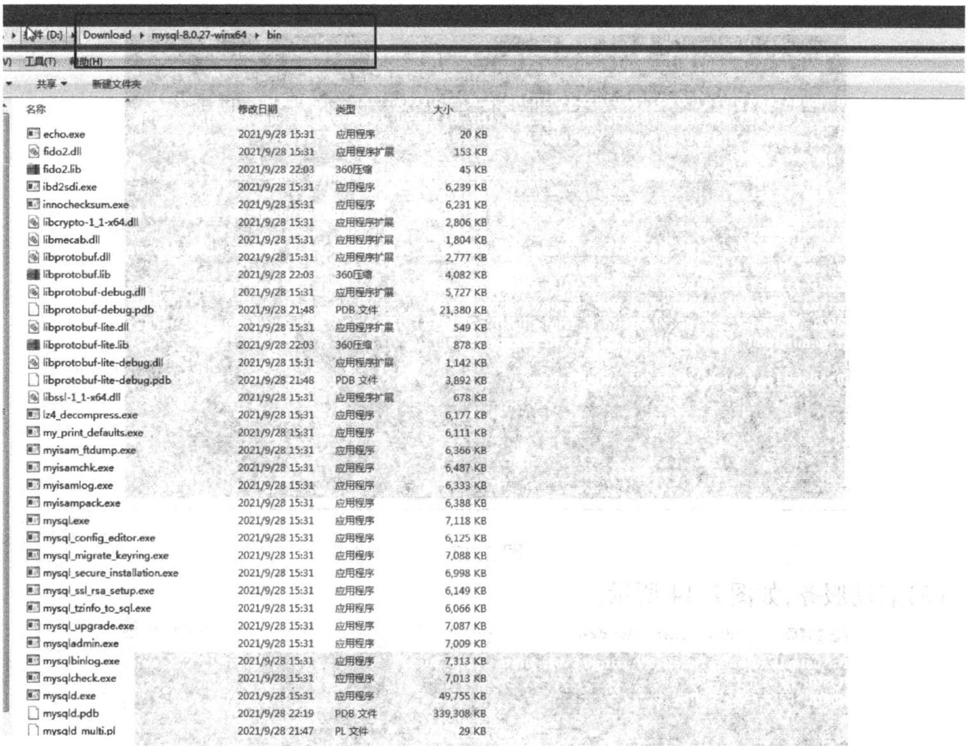

件 (D:) ▸ Download ▸ mysql-8.0.27-winx64 ▸ bin
工具(T) 帮助(H)
共享 ▾ 新建文件夹
名称 修改日期 类型 大小
echo.exe 2021/9/28 15:31 应用程序 20 KB
fido2.dll 2021/9/28 15:31 应用程序扩展 153 KB
fido2.lib 2021/9/28 22:03 360压缩 45 KB
ibd2sdi.exe 2021/9/28 15:31 应用程序 6,239 KB
innochecksum.exe 2021/9/28 15:31 应用程序 6,231 KB
libcrypto-1_1-x64.dll 2021/9/28 15:31 应用程序扩展 2,806 KB
libmecab.dll 2021/9/28 15:31 应用程序扩展 1,804 KB
libprotobuf.dll 2021/9/28 15:31 应用程序扩展 2,777 KB
libprotobuf.lib 2021/9/28 22:03 360压缩 4,082 KB
libprotobuf-debug.dll 2021/9/28 15:31 应用程序扩展 5,727 KB
libprotobuf-debug.pdb 2021/9/28 21:48 PDB 文件 21,380 KB
libprotobuf-lite.dll 2021/9/28 15:31 应用程序扩展 549 KB
libprotobuf-lite.lib 2021/9/28 22:03 360压缩 878 KB
libprotobuf-lite-debug.dll 2021/9/28 15:31 应用程序扩展 1,142 KB
libprotobuf-lite-debug.pdb 2021/9/28 21:48 PDB 文件 3,892 KB
libssl-1_1-x64.dll 2021/9/28 15:31 应用程序扩展 678 KB
lz4_decompress.exe 2021/9/28 15:31 应用程序 6,177 KB
my_print_defaults.exe 2021/9/28 15:31 应用程序 6,111 KB
myisam_ftdump.exe 2021/9/28 15:31 应用程序 6,366 KB
myisamchk.exe 2021/9/28 15:31 应用程序 6,487 KB
myisamlog.exe 2021/9/28 15:31 应用程序 6,333 KB
myisampack.exe 2021/9/28 15:31 应用程序 6,388 KB
mysql.exe 2021/9/28 15:31 应用程序 7,118 KB
mysql_config_editor.exe 2021/9/28 15:31 应用程序 6,125 KB
mysql_migrate_keyring.exe 2021/9/28 15:31 应用程序 7,088 KB
mysql_secure_installation.exe 2021/9/28 15:31 应用程序 6,998 KB
mysql_ssl_rsa_setup.exe 2021/9/28 15:31 应用程序 6,149 KB
mysql_tzinfo_to_sql.exe 2021/9/28 15:31 应用程序 6,066 KB
mysql_upgrade.exe 2021/9/28 15:31 应用程序 7,087 KB
mysqladmin.exe 2021/9/28 15:31 应用程序 7,009 KB
mysqlbinlog.exe 2021/9/28 15:31 应用程序 7,313 KB
mysqlcheck.exe 2021/9/28 15:31 应用程序 7,013 KB
mysqld.exe 2021/9/28 15:31 应用程序 49,755 KB
mysqld.pdb 2021/9/28 22:19 PDB 文件 339,308 KB
mysqld_multi.pl 2021/9/28 21:47 PL 文件 29 KB

图 2.11

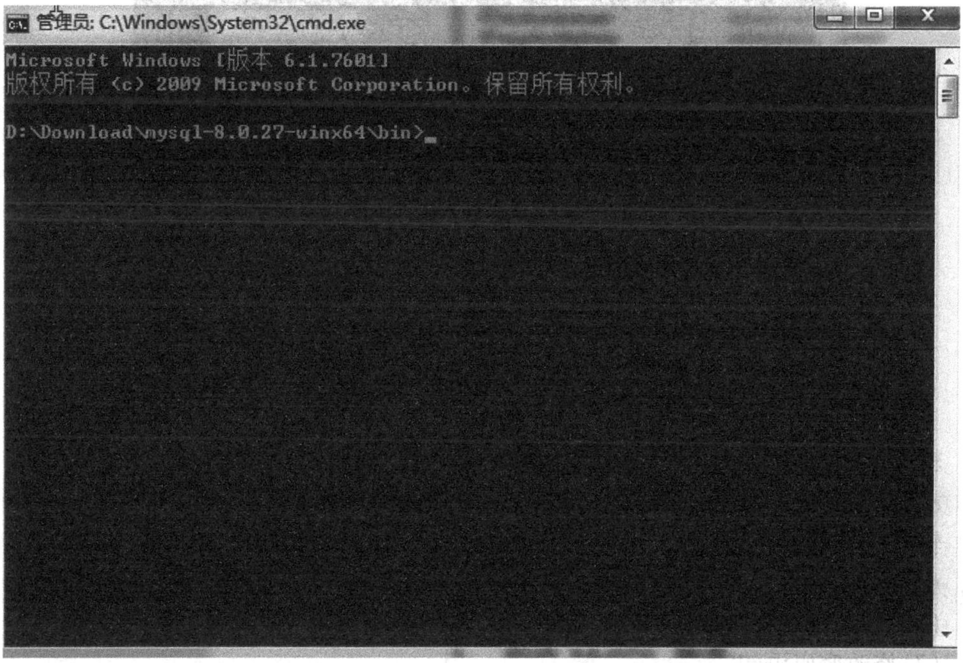

管理员: C:\Windows\System32\cmd.exe
Microsoft Windows [版本 6.1.7601]
版权所有 (c) 2009 Microsoft Corporation。保留所有权利。
D:\Download\mysql-8.0.27-winx64\bin>

图 2.12

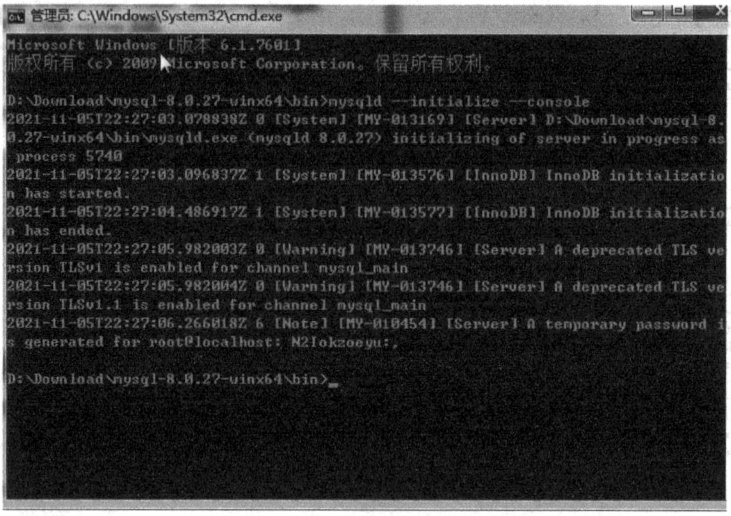

图 2.13

(5)启动服务,如图 2.14 所示。

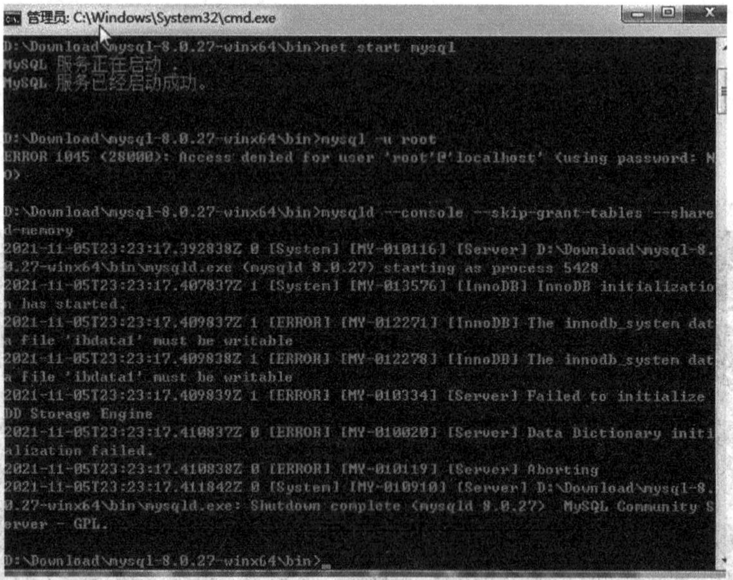

图 2.14

输入

```
net start mysql
```

输入

```
mysql -u root -p
```

(6)登录数据库,这时提示需要密码,就是用预先设置的密码登录。

(7)修改密码语句:

```
ALTER USER root@ localhost IDENTIFIED BY '123456';
```

修改密码为:123456

(8)若要删除 mysql,可执行命令:

```
mysqld--remove mysql
```

2.3.4 重置 root 密码

在 MySQL8.0 以下版本中,如 MySQL5.7,找到 MySQL5.7 安装包下的 my. ini 文件,如图 2.15 所示。

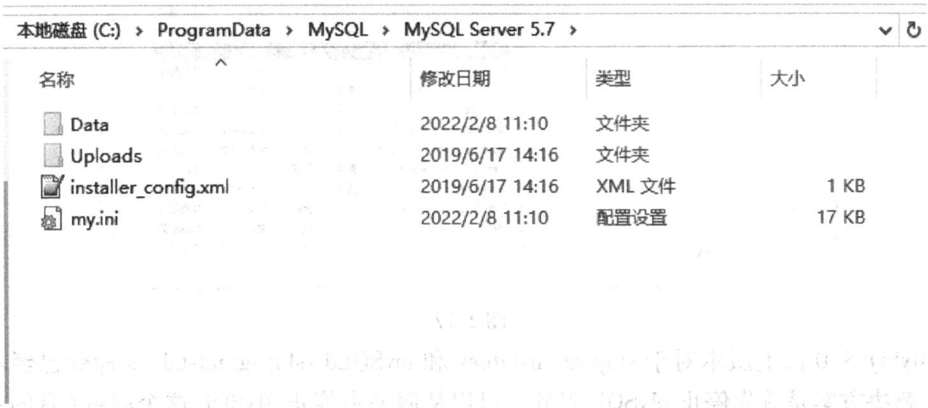

图 2.15

(1)点击“记事本”软件顶部的“编辑”,再选择“查找”,在“查找内容”处输入“[mySQLd]”,并点击“查找下一个”,它会自动转到[mySQLd]字段行,在下面增加一行 skip-grant-tables,如图 2.16 所示。

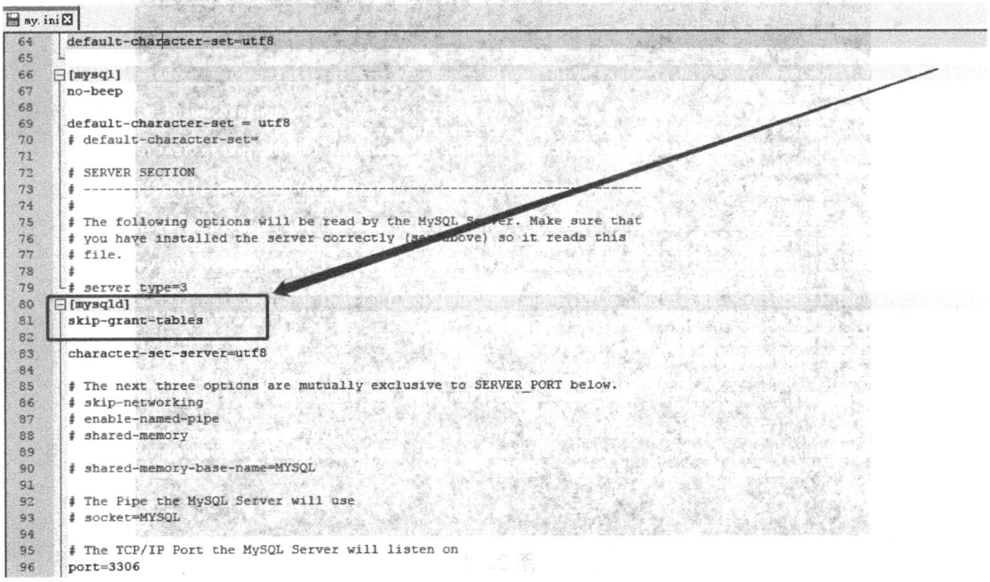

图 2.16

(2)打开系统的“服务”。鼠标右键点击服务列表中的“MySQL”服务,选择“重新启动”,这时的 MySQL 不需要密码即可登录数据库,如图 2.17 所示。

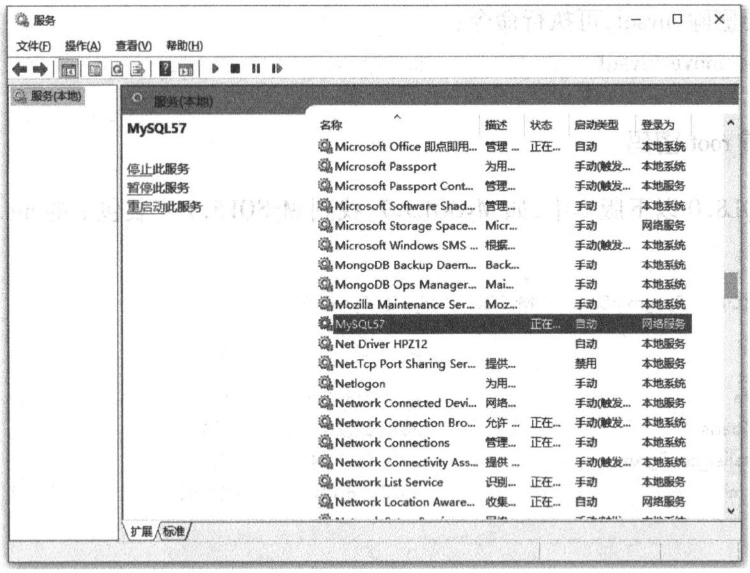

图 2.17

MySQL8.0 以上版本对于 skip-grant-tables 和 mySQLd -skip-grant-tables 命令已经不支持了,解决方案是首先停止 MySQL 服务。可以从服务中停止 MySQL 这个服务(有的系统是 MySQL80 或者 MySQL57),也可以使用命令行输入“net stop mySQL”结束该服务,如图 2.18 所示。

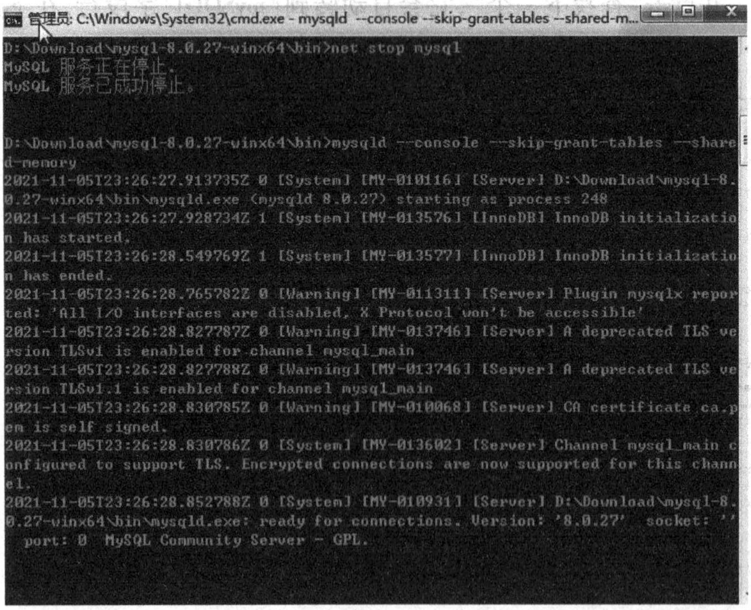

图 2.18

(3)打开命令行,输入“mySQLd --console --skip-grant-tables --shared-memory”语句,执行,这时命令行会卡住,不要着急,打开一个新的命令行,输入“mySQL -u root”便可以无密码直接进入 MySQL,如图 2.19 所示。

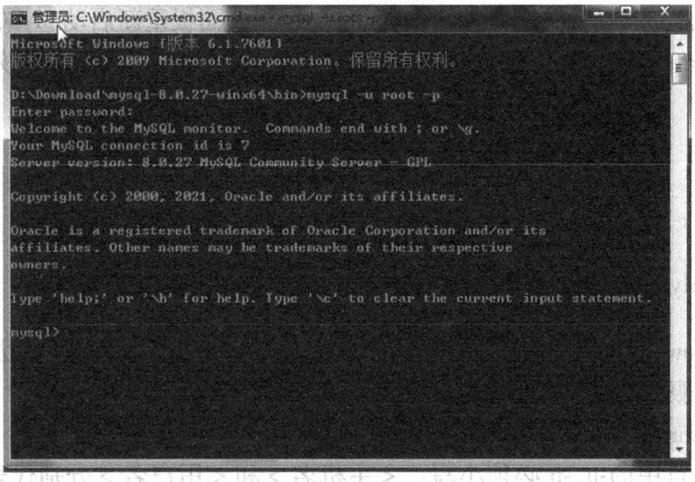

图 2.19

(4) 此时跳过权限进入 MySQL 服务器。执行语句:"ALTER USER "root"@"localhost" IDENTIFIED BY "123456";"便可以成功修改密码。

(5) 如果遇到"ERROR 1290(HY000):The MySQL server is running with the--skip-grant-tables option so it cannot execute this statement"问题,只需要执行语句"flush privileges"之后再执行"ALTER USER 'root'@'localhost' IDENTIFIED WITH mysql_native_password BY '123456';"语句便可以成功修改密码,如图 2.20 所示。

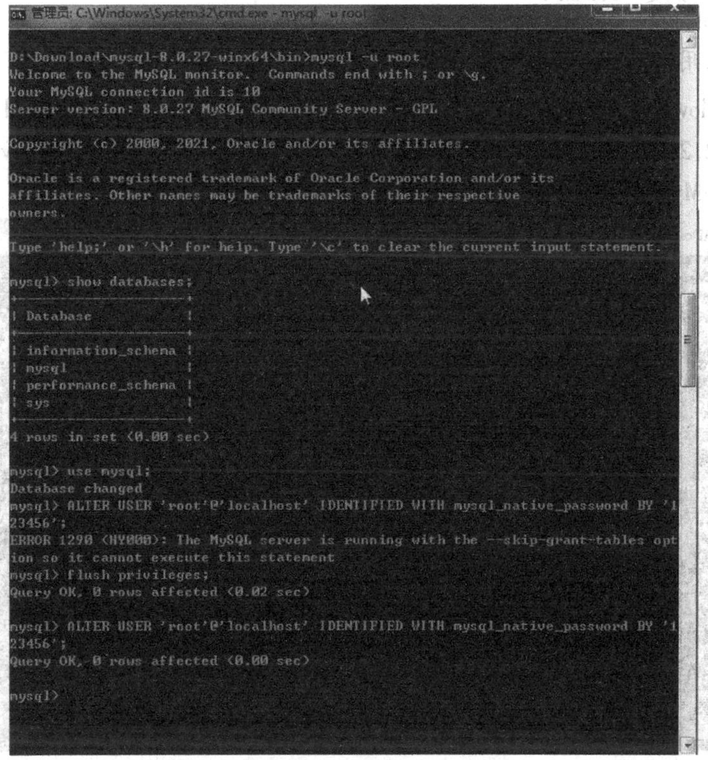

图 2.20

(6)修改密码完成后，关闭所有命令行窗口，在服务面板重新启动 MySQL 服务或者使用语句“net start mysql”，便可以关闭跳过权限的命令，正常使用 MySQL 服务。

2.4 启动服务并登录 MySQL 数据库

2.4.1 启动 MySQL 服务

选择 Windows 桌面的“开始”→“运行”选项，输入正确的命令、用户名及密码后，可以登录到 MySQL 服务器。

命令格式:mysql -h <主机名> -u<用户名> -p<密码>

提示:命令行中的-u、-p 必须小写。<主机名>和<用户名>分别代表 MySQL 服务器运行的主机名和 MySQL 账户用户名。设置时替换为正确的值，如图 2.21 所示。

图 2.21

2.4.2 登录 MySQL 数据库

1)直接以用户名 root 的数据库管理员身份登录到数据库服务器

选择 Windows 桌面的“开始”→“程序”→“appserv”→“MySQL command line client”选项，出现如图 2.21 所示的窗口，输入正确的数据库管理员的密码，出现“mysql >”提示符表示正确登录 MySQL 服务器。输入密码“123456”，如图 2.22 所示。

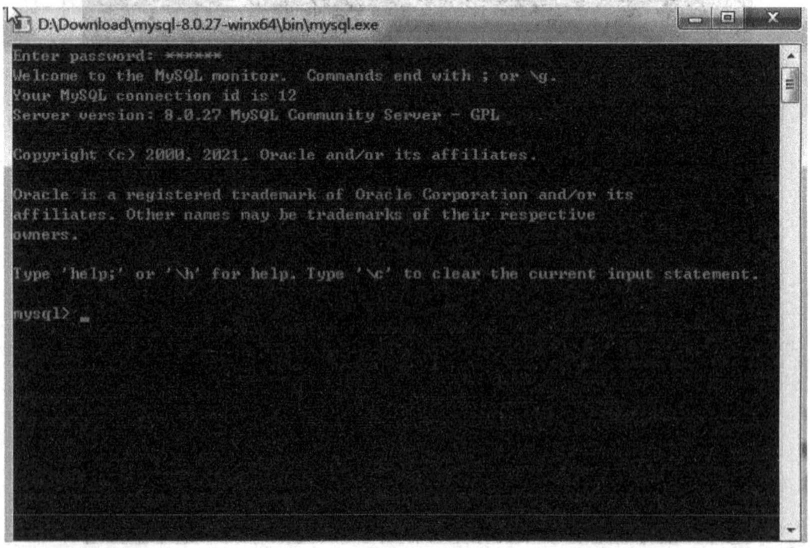

图 2.22

2)断开服务器

成功连接后,可以在 mysql > 提示下输入 quit(或\q)随时退出:mysql > quit。

2.5 MySQL 常用图形化管理工具

MySQL 数据库系统只提供命令行客户端(MySQL Command Line Client)管理工具用于数据库的管理与维护,但是第三方提供的管理维护工具非常多,大部分都是图形化管理工具。图形化管理工具通过软件对数据库的数据进行操作,在操作时采用菜单方式进行,不需要熟练记忆操作命令。

Navicat for MySQL 是一个桌面版 MySQL 数据库管理和开发工具,易学易用,很受大家的欢迎。本书将以 Navicat for MySQL 为例介绍 MySQL 数据库管理工具的使用。

(1)下载安装 Navicat for MySQL,打开 navicat,你会看到如图 2.23 所示的界面,如果是第一次使用需要先创建连接。

(2)MySQL 默认端口号建议不修改,连接名、主机名可以随意修改,用户名和密码和要连接的 MySQL 服务器保持一致,如图 2.24 所示。

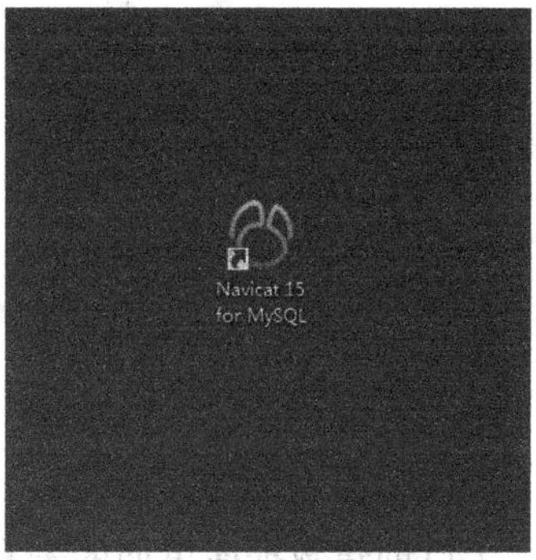

图 2.23

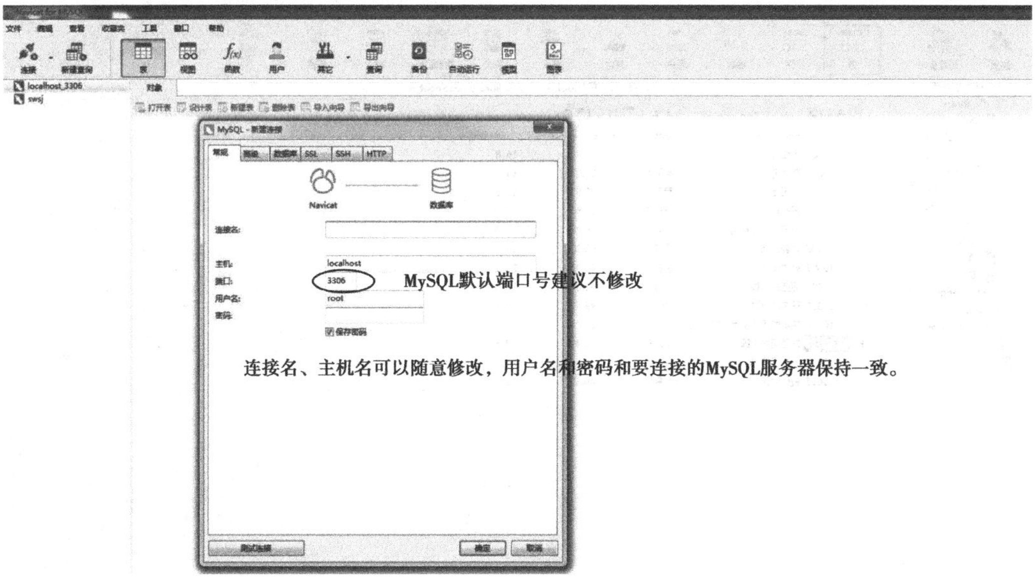

图 2.24

(3)创建本地的数据库,进入 localhost 连接,然后用鼠标右键新建数据库,如图 2.25 所示。

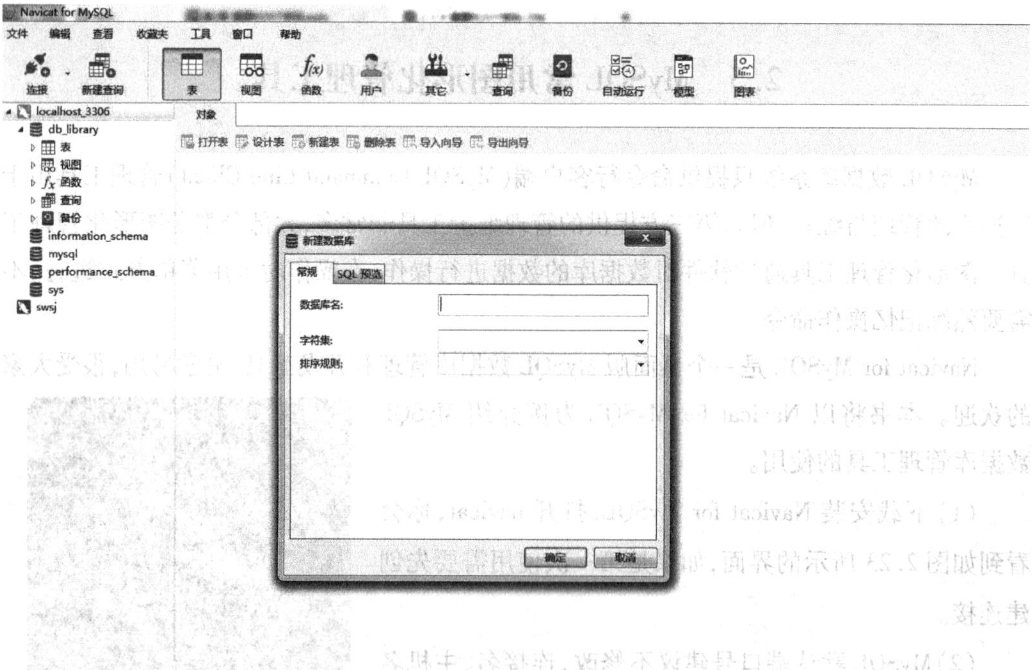

图 2.25

(4)创建数据库里面的表和字段,如图 2.26 所示。

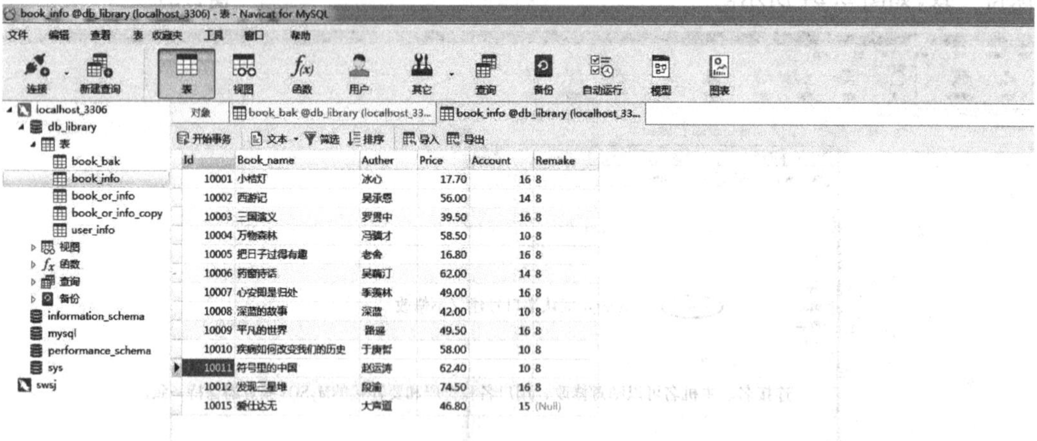

图 2.26

本章小结

本章主要以 MySQL8.0 版本的安装和配置为例,应确保 my.ini 文件修改路径、命令符命令的正确性,MySQL5.7 和 MySQL8.0 两个版本的 root 密码重置等操作,读者多加练习,进一步熟悉操作步骤。

课后习题

1. 登录 MySQL 官网,下载 MySQL8.0 软件的 ZIP 版本。
2. 在电脑上安装 MySQL8.0。
3. 在电脑上配置好 PATH。
4. 在电脑上配置好 MySQL。
5. MySQL5.7 或 MySQL8.0 任一版本重置 root 密码。
6. 如何开启或停止 MySQL 服务。
7. 安装好 Navicat for MySQL 并连接 MySQL 服务器。

第3章　数据库基本操作

信息技术的迅猛发展,给人类生产生活带来了深远的影响。近年来,中国信息化建设取得重要发展,信息技术正成为中国经济和社会发展的重要推动力量。政府实行自动化网上办公,商人借助网络平台进行交易,学生利用网络进行远程学习,市民利用网络查询信息、交友及休闲娱乐。网络改变人们的生活和工作方式,而支撑这些改变的计算机技术中的数据库技术,能够有效地组织和存储数据,高效地获取和处理数据。本章主要学习如何进行数据库的设计和管理。

学习目标

- 了解数据模型的相关知识
- 掌握 E-R 图设计数据库的知识
- 能将 E-R 图转换为关系模型
- 掌握创建、管理和删除数据库的方法

3.1　创建数据库

3.1.1　关系数据库设计

1)数据库设计

数据库(Database,DB)是"按照数据结构来组织、存储和管理数据的仓库"。数据库首先将数据进行分类,然后按照数据之间的存储联系,使数据存储结构化。

数据库设计就是将数据库中的数据对象以及这些数据对象之间的关系进行规划和结构化的过程。

2)数据模型的概念

数据模型是数据库中数据的存储结构。常用的数据模型包括:层次模型、网状模型和关系模型。

层次模型:用树状 <层次> 结构来组织数据的数据模型。其实,层次数据模型就是图形表示的一个倒立的"树",它由节点和连线组成,树的根、枝、叶称为节点,节点表示实体;而树中各节点之间的连线表示它们之间的关联。学校的行政机构、家族族谱等组织形式都可以看作层次模型,如图 3.1 所示。

层次模型的特点是层次清楚、构造简单以及易于实现,它可以很方便地表示出一对一和一对多这两种实体之间的联系。

优点:

①层次模型的数据结构比较简单。

②层次数据库的查询效率高。

③因记录间的联系用有向边表示,在 DBMS 中用指针来实现,路径明确,快速。

缺点:

①对于非层次性的,如多对多联系、一个结点具有多个双亲等,层次模型比较难表示这类联系。

②对插入和删除操作的限制比较多。

③查询子结点必须通过双亲结点。

④由于结构严密,层次命令趋于程序化。

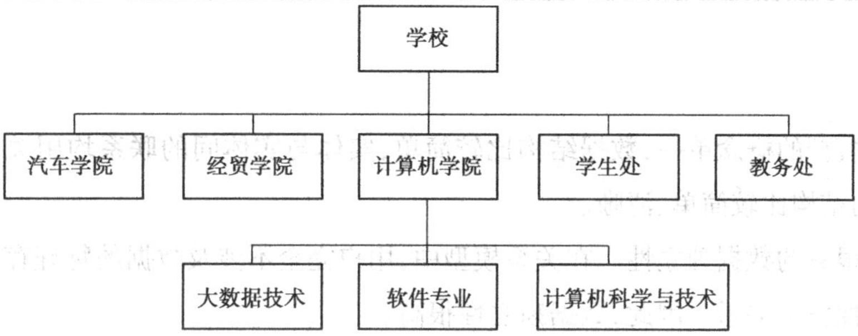

图 3.1　层次模型

网状模型:描述事物及其联系的数据组织形式像一张网,彼此之间没有层次。教师授课和学生选课可以看作网状模型,一个老师可以开设多门课程,一个学生可以选择修多门课程,如图 3.2 所示。

优点:

①能够更为直接地描述现实世界,如一个结点可以有多个双亲。

②具有良好的性能,存取效率较高。

缺点:

①结构比较复杂,而且随着应用环境的扩大,数据库的结构就变得越来越复杂,不利

于用户最终掌握。

②DDL,DML 语言复杂,用户不容易使用。

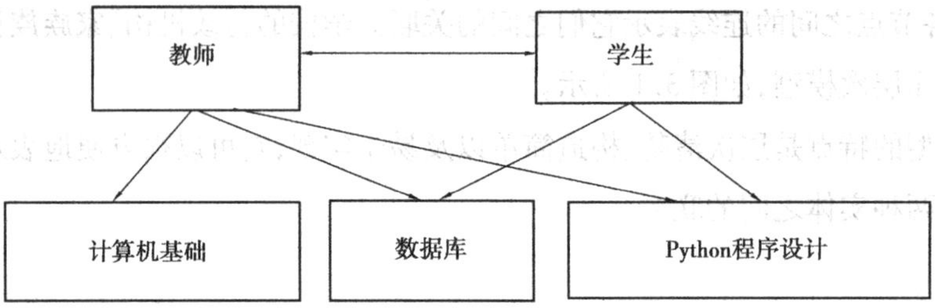

图 3.2　网状模型

关系模型:在关系结构的数据库中用二维表格的形式表示实体以及实体之间联系的模型。关系模型中,反映事物及其联系的数据描述是以表格的形式体现的,简而言之,就是由行和列组成,如表 3.1 所示。关系模型是目前最重要也是应用最广泛的数据模型。

表 3.1　学生关系

学号	姓名	性别	出生日期	所在学院
001	张俊	男	2003-11-12	计算机学院
002	赵元华	男	2004-04-23	汽车学院
003	李中苗	女	2002-01-15	经贸学院

优点:

①关系模型的概念单一,数据结构比较简单,实体与实体间的联系均用关系来表示,因此,数据的结构比较简单、清晰。

②具有很高的数据独立性。在关系模型中,用户完全不涉及数据的物理存放,只与数据本身的特性发生关系。因此,数据独立性很高。

③可以直接处理多对多的联系。在关系模型中,由于使用表格数据来表示实体之间的联系,因此,可以直接描述多对多的实体联系。

④建立在严格的数学概念基础上,有着坚实的理论基础。

缺点:

①查询效率往往不如非关系数据模型。

②为提高效率,关系数据库管理系统必须对用户的查询请求进行优化,增加了开发 DBMS 的难度。

3)E-R 图

关系模型数据库设计一般从数据模型 E-R 图(Entity-Relationship Diagram)设计开始。

E-R 图既可以表示现实世界中的事物，也可以表示事物之间的联系。它通过实体、实体属性以及实体之间的联系来表示数据库系统的结构。

(1)E-R 图的组成要素及其画法

①实体：现实世界客观存在并可以相互区别的事物，可以是具体的人、事、物，如学生、图书等，也可以是抽象的实体，如账户、贷款等。具有相同属性描述的事物的集合称为实体集，通常用矩形表示，矩形框内写明实体名。

②属性：实体所具有的某种特征，通常包含多个属性，用椭圆形标识，用属性名标注，并用无向边将其与相应的实体连接起来。如：图书实体可以由图书编号、书名、作者、价格、出版社等属性组成。

③联系：实体之间的相互关系。E-R 图中用菱形表示联系，菱形框内写明联系名，并用无向边分别与有关实体连接起来，同时在无向边旁标上联系的类型(1:1、1:n 或 m:n)。实体、属性、联系的表示方式如图 3.3 所示。

图 3.3　实体、属性、联系的表示方法

④主码(关键字)：实体集中，实体彼此是可以区别的，如果实体集中的属性值能唯一标识其对应实体，则将该属性组合称为码。每个实体可以指定一个主码，在 E-R 图中，指定为主码的属性在标识上需在实体和属性的连线上用斜线标记，如图 3.4 所示，学生实体的学号为主码。

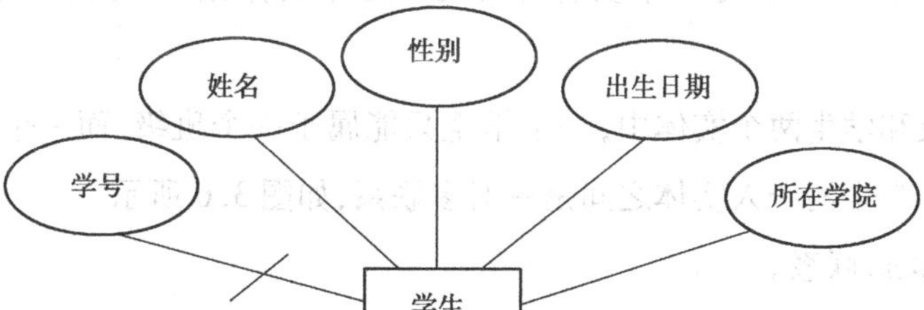

图 3.4　学生实体的表示方法

(2)实体间不同联系情况的 E-R 图表示方法

实体间联系可以分为一对一联系(1:1)、一对多联系(1:n)、多对多联系(m:n)。

①一对一(1:1)联系。

如果实体集 A 中的每一个实体，实体集 B 中至多有一个实体与之联系，反之亦然，则称实体集 A 与实体集 B 是一对一联系。

例如,某学校有若干个系,每个系部只有一个主任,则系主任和系部之间是一对一的联系,如图 3.5 所示。

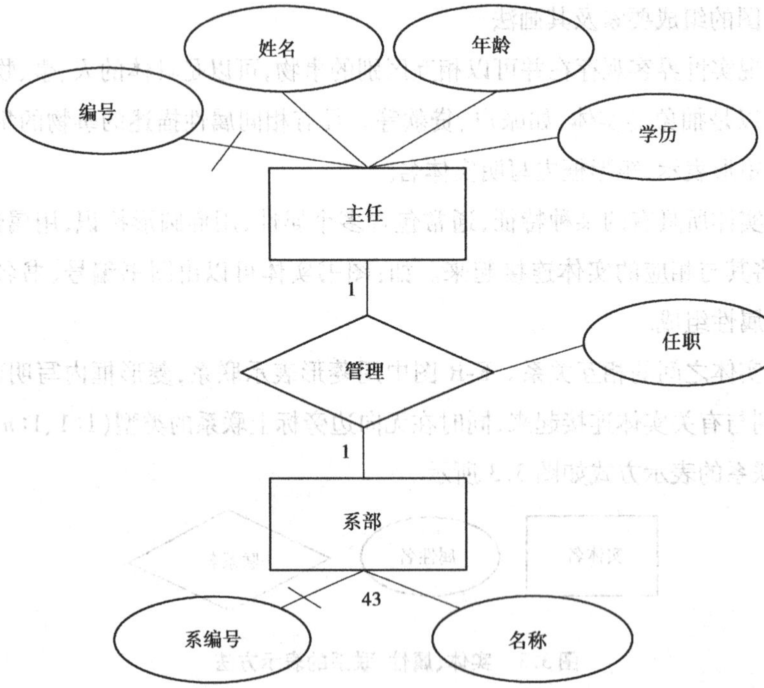

图 3.5 "主任"与"系部"实体集 E-R 模型

②一对多(1∶n)的联系。

如果实体集 A 中的每一个实体,实体集 B 中有多个实体与之联系,而实体集 B 中的实体至多与实体集 A 中的一个实体集联系,则称实体集 A 与实体集 B 是一对多联系。

例如,在班级和学生两个实体中,一个学生只能属于一个班级,而一个班级可以有多个学生,则班级和学生两个人实体之间是一对多联系,如图 3.6 所示。

③多对多(m∶n)联系。

如果实体集 A 中的每一个实体,实体集 B 中有多个实体与之联系,反之亦然,则称实体集 A 与实体集 B 是多对多联系。

假设在某教务管理系统中,一个教师可以上多门课,一门课也可以由多个教师去上,教师和课程两个实体之间是多对多联系,如图 3.7 所示。

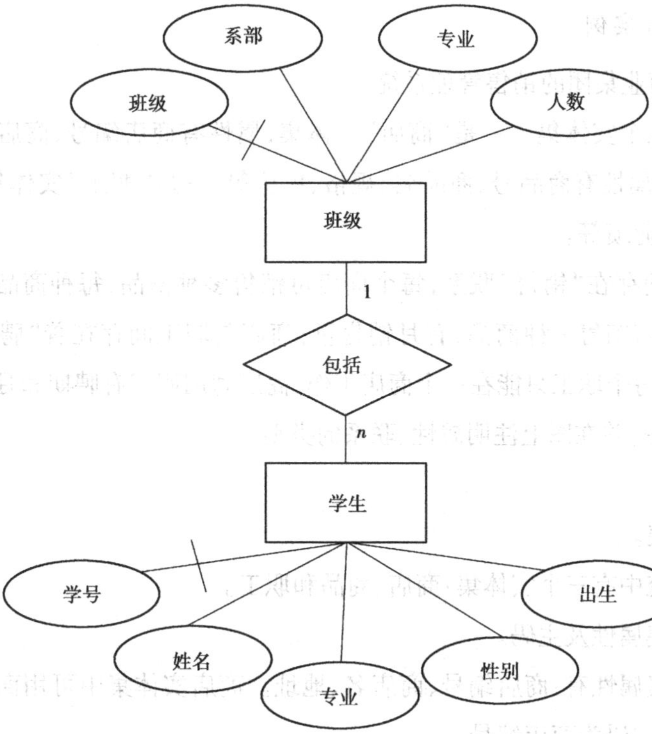

图 3.6　“班级”与“学生”实体集 E-R 模型

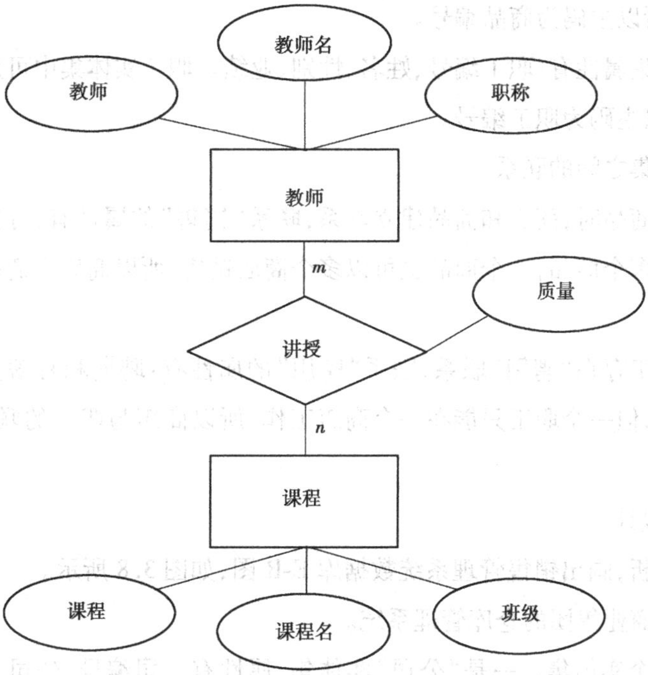

图 3.7　“教师”与“课程”实体集 E-R 模型

4)E-R 图设计实例

【例 3.1】某商业集团的销售管理系统。

数据库中有三个实体集。一是“商店”实体集,属性有商店编号、商店名、地址等;二是“商品”实体集,属性有商品号、商品名、规格、单价等;三是“职工”实体集,属性有职工编号、姓名、性别、业绩等。

商店与商品间存在“销售”联系,每个商店可销售多种商品,每种商品也可放在多个商店销售,每个商店销售一种商品,有月销售量;商店与职工间存在着“聘用”联系,每个商店有许多职工,每个职工只能在一个商店工作,商店聘用职工有聘期和月薪。

试画出 E-R 图,并在图上注明属性、联系的类型。

(1)分析

①确定实体集。

销售管理系统中有三个实体集:商店、商品和职工。

②确定实体集属性及主码。

- 商店实体集属性有:商店编号、商店名、地址。商店实体集中可用商店编号来唯一标识各商店,所以主码为商店编号。
- 商品实体集属性有:商品编号、商品名、规格、单价。商品实体集中可用商品编号来唯一标识商品,所以主码为商品编号。
- 职工实体集属性有:职工编号、姓名、性别、业绩。职工实体集中可用职工编号来唯一标识职工,所以主码为职工编号。

③确定实体集之间的联系。

- 商店销售商品时,商店和商品建立联系,联系“销售”的属性有:月销售量。因为一个商店可以销售多个商品,一个商品也可以多个商店销售,所以商店和商品之间是多对多(m: n)的联系。
- 商店与职工存在“聘用”联系,联系“聘用”的属性有:聘期和月薪。因为一个商品可以有多个职工,但一个职工只能在一个商店工作,所以商店与职工的联系是一对多(1: n)的联系。

(2)E-R 图设计

根据以上分析,画出销售管理系统数据库 E-R 图,如图 3.8 所示。

【例 3.2】某商业集团的仓库管理系统。

数据库有三个实体集。一是“公司”实体集,属性有公司编号、公司名、地址等;二是“仓库”实体集,属性有仓库编号、仓库名、地址等;三是“职工”实体集,属性有职工编号、

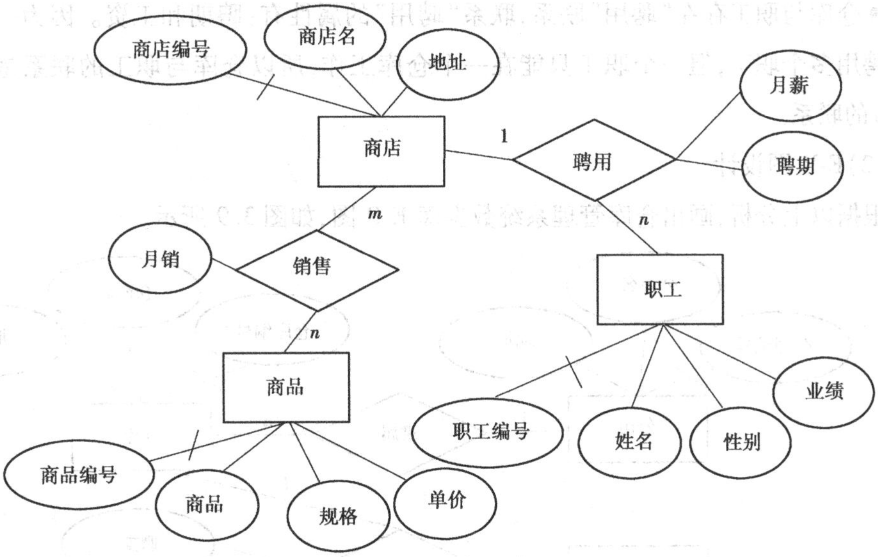

图 3.8 销售管理系统数据库 E-R 图

姓名、性别等。

公司与仓库间存在“隶属”联系,每个公司管辖若干仓库,每个仓库只能属于一个公司管辖;仓库与职工间存在“聘用”联系,每个仓库可聘用多个职工,每个职工只能在一个仓库工作,仓库聘用职工有聘期和工资。

试画出 E-R 图,并在图上注明属性、联系的类型。

(1)分析

①确定实体集。

仓库管理系统中有三个实体集:公司、仓库和职工。

②确定实体集属性及主码。

- 公司实体集属性有:公司编号、公司名、地址。公司实体集中可用公司编号来唯一标识各公司,所以主码为公司编号。
- 仓库实体集属性有:仓库编号、仓库名、地址。仓库实体集中可用仓库编号来唯一标识仓库,所以主码为仓库编号。
- 职工实体集属性有:职工编号、姓名、性别。职工实体集中可用职工编号来唯一标识职工,所以主码为职工编号。

③确定实体集之间的联系。

- 公司管理仓库时,公司和仓库建立联系。因为一个公司可以销售多个商品,一个仓库只能隶属于一个公司,所以公司和仓库之间是一对多(1:n)的联系。

• 仓库与职工存在“聘用”联系，联系“聘用”的属性有：聘期和工资。因为一个仓库可以聘用多个职工，但一个职工只能在一个仓库工作，所以仓库与职工的联系是一对多(1∶n)的联系。

(2)E-R 图设计

根据以上分析，画出仓库管理系统数据库 E-R 图，如图 3.9 所示。

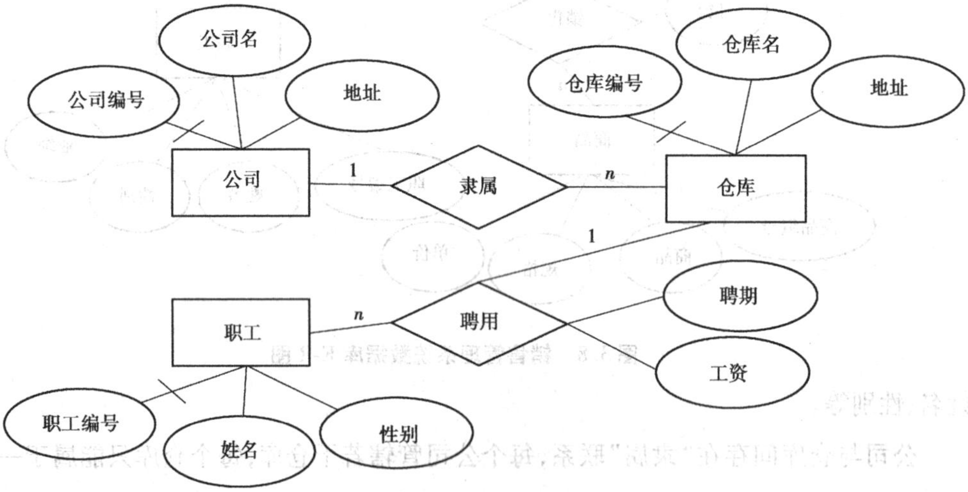

图 3.9 仓库管理系统数据库 E-R 图

5)E-R 模型到关系模型的转换

把 E-R 图转换为关系模型，其目的是便于设计关系型数据库。下面根据学校管理系统中的三种联系获得关系模型。

(1)1∶1联系的 E-R 图转换

联系单独对应一关系模式，则由联系属性、参与联系的各实体集的主码属性构成关系模式，其主码可选参与联系的实体集的任一方的主码。图 3.5 中主任和系部的联系可转换为：

• ZR(编号，姓名，年龄，学历)
• XB(系编号，名称)
• GL(编号，系编号)

(2)1∶n 联系的 E-R 图转换

联系单独对应一关系模式，则由联系的属性、参与联系的各实体集的主码属性构成关系模式，n 端的主码作为该关系模式的主码。图 3.6 中学生和班级的联系可转换为：

• BJ(<u>班级编号</u>，系部，专业，人数)

- XS(学号,姓名,专业,性别,出生时间)
- BK(学号,班级编号)

(3)$m:n$ 联系的 E-R 图转换

对于($m:n$)的联系,单独对应一关系模式,该关系模式包括联系的属性、参与联系的各实体集的主码属性。该关系模式的主码由各实体集的主码属性共同组成。

- JS(教师编号,教师名,职称)
- KC(课程号,课程名称,班级)
- JS_KC(教师编号,课程号,质量)

3.1.2　数据库设计规范化

仅有好的数据库管理系统并不足以避免数据冗余,必须在数据库的设计中创建好的表结构。DrE. F. codd 最初定义了规范化的三个级别,范式是具有最小冗余的表结构。这些范式是:

第一范式(1NF);

第二范式(2NF);

第三范式(3NF)。

关系数据库范式理论是在数据库设计过程中将要依据的准则。数据库结构必须要满足这些准则,才能确保数据的准确性和可靠性。这些准则被称为规范化形式,即范式。

1)第一范式(1NF)

第一范式的目标是确保每列的原子性。

如果每列都是不可分割的数据项,同一属性中不能有多个值或者不能有重复属性,则满足第一范式(1NF)。例如,表 3.2 所示学生情况表,要满足第一范式,则地址属性就要再分为宿舍号和户籍地址,如表 3.3 所示。

表 3.2　学生情况表

学号	姓名	性别	地址	楼院电话	课程名	分数
00001	李小玲	女	梅园 501 重庆市渝中区	65457788	Java 程序设计	88
00001	李小玲	女	梅园 501 重庆市渝中区	65457788	数据库	96
00001	李小玲	女	梅园 501 重庆市渝中区	65457788	信息技术	85
00002	赵乐梓	男	竹园 402 重庆市巴南区	65452354	Java 程序设计	78

续表

学号	姓名	性别	地址	楼院电话	课程名	分数
00002	赵乐梓	男	竹园 402 重庆市巴南区	65452354	数据库	90
00002	赵乐梓	男	竹园 402 重庆市巴南区	65452354	信息技术	93

表 3.3　学生情况表

学号	姓名	性别	宿舍地址	户籍地址	楼院电话	课程名	分数
00001	李小玲	女	梅园 501	重庆市渝中区	65457788	Java 程序设计	88
00001	李小玲	女	梅园 501	重庆市渝中区	65457788	数据库	96
00001	李小玲	女	梅园 501	重庆市渝中区	65457788	信息技术	85
00002	赵乐梓	男	竹园 402	重庆市巴南区	65452354	Java 程序设计	78
00002	赵乐梓	男	竹园 402	重庆市巴南区	65452354	数据库	90
00002	赵乐梓	男	竹园 402	重庆市巴南区	65452354	信息技术	93

表 3.3 满足了第一范式的要求，但表中还存在一些问题：

- 大量数据冗余：每个学生有多少门课程成绩，学号、姓名、性别、宿舍地址、户籍地址、楼院电话列就会出现相同次数的重复数据。
- 进行插入操作时会出现插入异常：如果要开设新的课程或者新建宿舍，则会出现没有“学号”而不能录入数据库的异常情况。
- 在删除操作时也会将一些不能删除的一并删除：假设删除部分学生信息，则可能导致宿舍信息或者课程信息同时被删除。

2）第二范式(2NF)

如果一个关系满足 1NF，并且除了主键以外的其他列，都依赖于该主键，则满足第二范式(2NF)的要求。第二范式要求每个表只描述一件事情。

在表 3.2 中，我们可以看到表中分数列依赖于课程名，而不依赖于主键学号，即不仅描述了学生的基本信息，还包括了学生的成绩信息。若要满足第二范式的要求，则表可以修改为学生基本信息表，如表 3.4 和表 3.5 所示。

表 3.4　学生情况表

学号	姓名	性别	宿舍地址	楼院电话	户籍地址
00001	李小玲	女	梅园 501	65457788	重庆市渝中区
00002	赵乐梓	男	竹园 402	65452354	重庆市巴南区

表 3.5　学生成绩表

学号	课程名	分数
00001	Java 程序设计	88
00001	数据库	96
00001	信息技术	85
00002	Java 程序设计	78
00002	数据库	90
00002	信息技术	93

经过第二范式的规范,数据冗余问题解决了,但是还存在一些问题:

- 进行插入操作时会出现插入异常;
- 在删除操作时也会将一些不能删除的也一并删除。

3)第三范式(3NF)

如果一个关系满足 2NF 的要求,并且除了主键以外的其他列都不传递依赖于主键列,则满足第三范式(3NF)的要求。

在学生情况表中,宿舍地址依赖于学号,而楼院电话依赖于宿舍地址,则存在楼院电话传递依赖于主键学号,它也会存在数据冗余、更新异常、插入异常和删除异常的情况。根据第三范式的要求,我们将楼院联系信息建立新表,则修改后的表如表 3.6、表 3.7、表 3.8 所示。

表 3.6　学生情况表

学号	姓名	性别	宿舍地址	户籍地址
00001	李小玲	女	梅园 501	重庆市渝中区
00002	赵乐梓	男	竹园 402	重庆市巴南区

表 3.7　学生成绩表

学号	课程名	分数
00001	Java 程序设计	88
00001	数据库	96
00001	信息技术	85
00002	Java 程序设计	78
00002	数据库	90
00002	信息技术	93

表 3.8 楼院联系表

宿舍地址	楼院电话
梅园 501	65457788
梅园 502	65457789
梅园 503	65457790
竹园 401	65452353
竹园 402	65452354
竹园 403	65452355

4）范式总结

范式的存在主要解决了数据库设计过程中的 4 个问题：

①数据冗余；

②插入异常；

③删除异常；

④修改异常。

在实际开发中，一般情况只要满足三大范式即可。另外，由于程序对查询的需求（出于便捷性考虑）可能会出现违背三大范式的情况，因此三大范式只是设计数据时候的一种参考，并不是定律。

3.1.3 创建数据库

数据库可以看成一个存储数据对象的容器。数据对象包括表、视图、触发器、存储过程等。其中，表是最基本的数据对象，用以存放数据库的数据。而在存放数据之前，必须首先创建数据库，然后才能创建数据库的数据对象。

MySQL 可以采用两种方式创建、操作数据库和数据对象：命令行方式和图形界面工具方式。

注意：在 MySQL 安装后，系统将自动创建两个数据库，分别为 information_schema、mysql。MySQL 把有关数据库的信息存储在这两个数据库中。如果删除了这些数据库，MySQL 就不能正常工作。

3.1.4 创建数据库的语法

对于用户的数据，需要创建新的数据库来存放。

语法格式：

```
CREATE DATABASE  [IF NOT EXISTS]数据库名
        [[DEFAULT] CHARACTER SET 字符集名
        | [DEFAULT] COLLATE 校对规则名]
```

说明：

- 语句中“[ ]”内为可选项，{ | }表示二选一。
- 数据库名表示被创建数据库的名字，数据库名必须唯一；名称内不能含有“/”及“.”等非法字符；最大不能超过64字节。
- IF NOT EXISTS：在创建数据库之前进行判断，只有该数据库目前尚不存在时才能执行操作。此选项可以用来避免数据库已经存在而重复创建的错误。
- [DEFAULT] CHARACTER SET：指定数据库的字符集。指定字符集的目的是避免在数据库中存储数据时出现乱码。如果在创建数据库时不指定字符集，那么就使用系统的默认字符集。
- [DEFAULT] COLLATE：指定字符集的默认校对规则。

在SQL语言创建数据库命令CREATE DATABASE中，如果省略语句中“[ ]”里的所有可选项，其结构形式如下：

```
CREATE DATABASE 数据库名;
```

【例3.3】创建一个名为Bookstore的数据库。

```
CREATE DATABASE Bookstore;
```

命令运行结果显示为Query OK,1 row affected则表示创建成功，如图3.10所示。

图3.10　创建Bookstore数据库

3.2　管理数据库

3.2.1　修改数据库

数据库创建后，如果需要修改数据库的参数，可以使用ALTER DATABASE命令。

语法格式：

```
ALTER {DATABASE | SCHEMA} [数据库名]
    [[DEFAULT] CHARACTER SET 字符集名
    | [DEFAULT] COLLATE 校对规则名]
```

【例3.4】修改数据库 Bookstore 的默认字符集为 latin1,校对规则为 latin1_swedish_ci。

```
ALTER DATABASE Bookstore
    DEFAULT CHARACTER SET latin1
    DEFAULT COLLATE latin1_swedish_ci;
```

3.2.2 显示数据库

显示服务器中已建立的数据库,使用 Show Database 命令。

语法格式:

```
Show Databases;
```

注意:在 MySQL 中,每一条 SQL 语句都以";"作为结束标志。

3.2.3 打开数据库

因为 MySQL 服务器中有多个数据库,可以使用 Use 命令指定当前数据库。

语法格式:

```
Use 数据库名
```

说明:这个语句也可以用来从一个数据库"跳转"到另一个数据库,在用 Create Database 语句创建了数据库之后,该数据库不会自动成为当前数据库,需要用这条 Use 语句来指定。

【例3.5】将数据库 Bookstore 设置为当前数据库。

```
Use Bookstore;
```

3.3 删除数据库

要删除已经创建的数据库,使用 Drop Database 命令。

语法格式:

```
Drop Database [IF EXISTS] 数据库名
```

删除数据库 Bookstore 命令如下:

```
Drop Database Bookstore;
```

3.4 综合案例——"图书管理系统"

本章介绍了关系数据库设计的方法、规范化设计数据库的规则,创建、管理数据库的方法。读者应该根据需求选择适合的数据模型,并且按照规范化的要求设计数据库的表,掌握数据库创建以及管理的方法。下面通过综合案例来检验自己是否掌握了这些知识。

3.4.1 案例背景

为方便对图书馆书籍、读者资料、借还书等进行高效的管理,特编写该数据库以提高图书馆的管理效率。使用该数据库之后,工作人员可以查询某位读者、某种图书的借阅情况,还可以对当前图书借阅情况进行一些统计,给出统计表格,以便全面掌握图书的流通情况。

3.4.2 案例目的

①掌握 E-R 图设计的基本方法;

②掌握将 E-R 模型转换为关系模型的方法;

③掌握创建数据库的方法。

3.4.3 案例分析

1)确定实体集

数据库中有 2 个实体集:图书和读者。

2)确定实体集属性及主码。

(1)实体集"读者"属性:读者编号、姓名、出生日期、身份证号、登录名称、登录密码、手机号、部门、角色等,编号为主码。

(2)实体集"图书"属性:图书编号、图书名称、作者、图书价格、出版社、图书分类、ISBN 编号、备注等,图书编号为主码。

3)确定实体集之间的联系

读者和图书之间存在借阅的关系,一个读者可以借阅多本图书,一本图书也可以被多个读者借阅。在借阅关系中,存在借阅时间的属性。读者和图书之间的关系为多对多关系。

经分析后,E-R 图如图 3.11 所示。

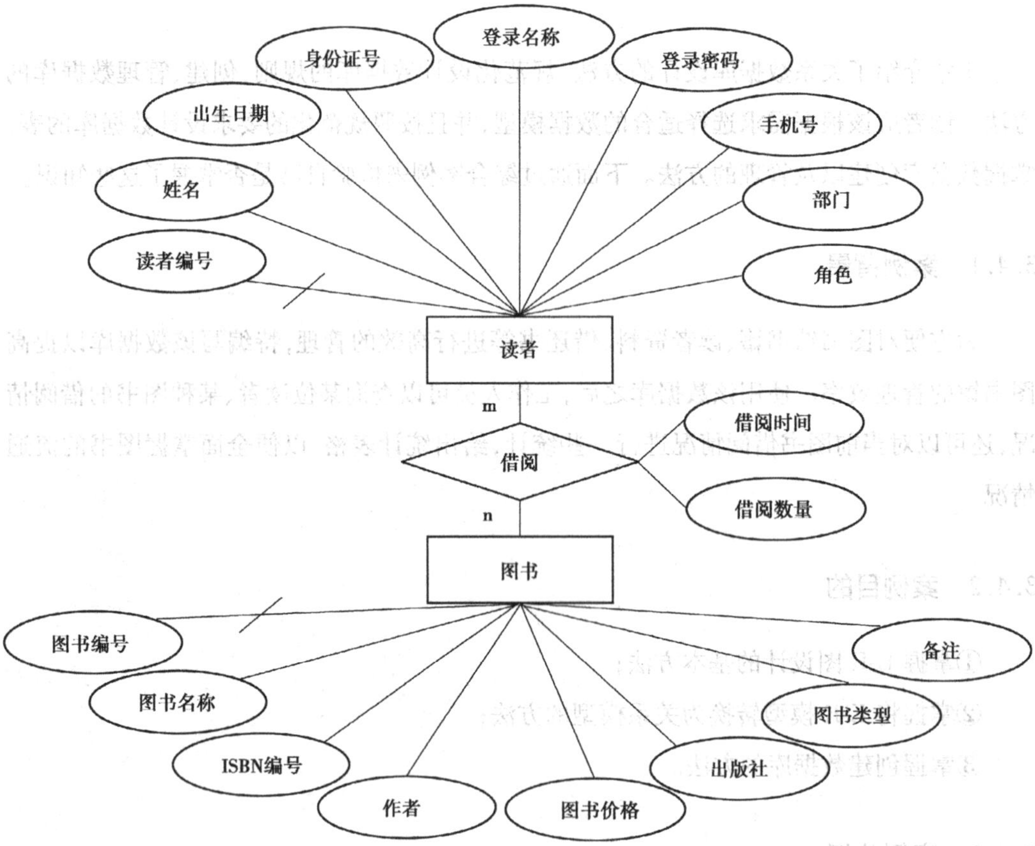

图 3.11　E-R 图

将 E-R 模型转为关系模型:

图书(图书编号,图书名称,ISBN 编号,作者,图书价格,出版社,图书类型,备注)

读者(读者编号,姓名,出生日期,身份证号,登录名称,登录密码,手机号,部门,角色)

借阅(借阅编号,图书编号,读者编号,借阅数量)

创建名为 DB_ Library 的数据库:

```
Create database DB_Library
```

3.5 实训项目——生产管理系统

3.5.1 实训目的

①掌握 E-R 图设计的基本方法；
②掌握将 E-R 模型转换为关系模型的方法；
③掌握创建数据库的方法。

3.5.2 实训内容

某工厂为进行高效的生产管理，合理安排生产，特创建生产管理系统。该管理系统中创建相应的数据库，管理人员可以查询产品数量以及产线工作量，并给出统计数据，方便掌握工厂生产情况。在此工厂中，不同产品分配给对应的部门生产，每件产品有相应的生产工序。产品的生产工序状态包括：未开始，加工中，已汇报，已验收。

1. 试画出生产管理系统 E-R 图，并在图上注明属性、联系的类型。
2. 将 E-R 模型转换为关系模型。
3. 创建名为 DB_MAKE 的数据库。

本章小结

数据模型包括层次模型、网状模型、关系模型。
E-R 图的三要素包括：实体、属性和联系。
创建数据库：CREATE DATABASE 数据库名；
选择数据库：Use 数据库名；
修改数据库：ALTER DATABASE 数据库名；
显示数据库：Show Databases；
删除数据库：Drop Database 数据库名。

课后习题

1. 判断题

(1) E-R 图中的关系用于表示实体间存在的联系，通常使用一条线段表示。（ ）

(2)E-R 图中实体间的关系是双向的。(　　)

2. 选择题

(1)设学生关系模式为:学生(学号、姓名、年龄、性别、平均成绩、专业),则该关系模式的主键是(　　)。

A. 姓名　　B. 学号,姓名

C. 学号　　D. 学号,姓名,年龄

(2)关系数据库规范化是为解决关系数据库中(　　)问题而引入的。

A. 插入异常、删除异常和数据冗余

B. 提高查询速度

C. 减少数据操作的复杂性

D. 保证数据的安全性和完整性

(3)规范化理论是关系数据库进行逻辑设计的理论依据。根据这个理论,关系数据库中的关系必须满足:其每一属性都是(　　)。

A. 互不相关的　　B. 不可分解的

C. 长度可变的　　D. 互相关联的

3. 请按要求写出命令

(1)创建 test1 数据库的命令:______________________________

(2)选择当前数据库为 Test1 的命令:______________________________

(3)删除 Test1 数据库的命令:______________________________

4. 简答题

E-R 图中实体和属性的关系如何?

5. 综合题

2015 年 7 月 31 日,在马来西亚首都吉隆坡举行第 128 届国际奥委会全体会议上北京以 44 票获得第 24 届冬季奥林匹克运动会举办权。北京也就此成为全球唯一一座既举办过夏季奥运会又举办冬奥会的城市。

2022 年 2 月 4 日,北京 2022 年冬奥会开幕,来自全球 91 个国家和地区的代表团参加此次冬奥会,大赛共设 7 个大项、15 个分项和 109 个小项。请你为冬奥会设计一个体育项目比赛管理系统数据库。

数据库中有四个实体集。一是“代表团”,属性有团编号、地区、住所;二是“运动员”,属性有编号、姓名、年龄、性别;三是“比赛项目”,属性有项目编号、项目名、级别;四是“比赛类别”,属性有类别编号、类别名主管。

代表团由运动员组成，每个代表团可以有多个运动员，但一个运动员只能属于一个代表团；每个比赛项目只能属于一个比赛类别，但一个比赛类别中可以包括多个比赛项目；一个运动员可以参加多个比赛项目，一个比赛项目也可以由多个运动员参加。

（1）试画出体育项目管理系统 E-R 图，并在图上注明属性、联系的类型。

（2）将 E-R 模型转换为关系模型。

（3）创建名为 XXIV_Olympic_Winter_Games 的数据库。

第4章　数据表的基本操作

数据库可以看成是一个存储数据对象的容器,这些数据对象包括表、视图、触发器、存储过程等。其中,表是最基本的数据对象,用以存放数据库的数据。在创建数据库之后,接下来就要在数据库中创建数据表。数据表是数据库的重要组成部分,每一个数据库都是由若干个数据表组成的。换句话说,没有数据表就无法在数据库中存放数据。比如,在电脑中创建一个空文件夹,如果要把“Hello MySQL”存放到文件夹中,必须把它写在 Word 文档、记事本或其他能存放文本的文档中。这里的空文件夹就相当于数据库,存放文本的文档就相当于数据表。本章将详细介绍数据表的基本操作,主要包括创建数据表、查看数据表结构、修改数据表和删除数据表等。

学习目标

- 了解 MySQL 数据类型
- 了解数据表的其他操作
- 掌握如何创建数据表操作
- 掌握如何修改数据表操作
- 了解如何删除数据表操作
- 了解数据表的其他操作
- 能使用 SQL 语句查看数据表结构

4.1　MySQL 数据类型

用 MySQL 数据库存储数据时,不同的数据类型决定了 MySQL 存储数据方式的不同。为此,MySQL 数据库提供了多种数据类型,包括整数类型、浮点数类型、定点数类型、日期/时间类型、字符串类型和二进制类型。接下来,针对这些数据类型进行详细讲解。

4.1.1　数值类型

MySQL 支持所有标准 SQL 数值数据类型。

在 MySQL 数据库中，经常需要存储。根据数值取值范围的不同，MySQL 中的整数类型可以分为5种，分别是 TINYINT、SMALLINT、MEDIUMINT、INT 和 BIGINT；在 MySQL 数据库中，存储的小数都是使用浮点数和定点数来表示的。浮点数的类型有两种，分别是单精度浮点类型（FLOAT）和双精度浮点数类型（DOUBLE）。而定点数类型只有 DECIMAL 类型。关键字 INT 是 INTEGER 的同义词，关键字 DEC 是 DECIMAL 的同义词。表4.1 列举了 MySQL 不同类型所对应的字节大小和取值范围。

表4.1　MySQL 数值类型

数据类型	字节数	有符号数的取值范围	无符号数的取值范围	用途
TINYINT	1 Bytes	(-128,127)	(0,255)	小整数值
SMALLINT	2 Bytes	(-32 768,32 767)	(0,65 535)	大整数值
MEDIUMINT	3 Bytes	(-8 388 608,8 388 607)	(0,16 777 215)	大整数值
INT 或 INTEGER	4 Bytes	(-2 147 483 648,2 147 483 647)	(0,4 294 967 295)	大整数值
BIGINT	8 Bytes	(-9 223 372 036 854 775 808, 9 223 372 036 854 775 807)	(0,18 446 744 073 709 551 615)	极大整数值
FLOAT	4 Bytes	(-3.402 823 466 E+38, -1.175 494 351 E-38),0,(1.175 494 351 E-38,3.402 823 466 351 E+38)	0,(1.175 494 351 E-38,3.402 823 466 E+38)	单精度浮点数值
DOUBLE	8 Bytes	(1.797 693 134 862 315 7 E+308,-2.225 073 858 507 201 4 E-308),0,(2.225 073 858 507 201 4 E-308,1.797 693 134 862 315 7 E+308)	0,(2.225 073 858 507 201 4 E-308,1.797 693 134 862 315 7 E+308)	双精度浮点数值
DECIMAL	对 DECIMAL(M,D)，如果 M>D，为 M+2 否则为 D+2	依赖于 M 和 D 的值	依赖于 M 和 D 的值	小数值

从表4.1中可以看出,不同数值类型所占用的字节数和取值范围都是不同的,其中,占用字节数最小的是TINYINT,占用字节数最大的是BIGINT。需要注意的是,不同数据类型的取值范围可以根据字节数计算出来。例如,TINYINT类型的整数占用1个字节,1个字节是8位,那么,TINYINT类型无符号数的最大值就是2^8-1,即255;TINYINT类型有符号数的最大值是2^7-1,即127。同理,可以算出其他不同整数类型的取值范围。

从表4.1中可以看出,DECIMAL类型的取值范围与DOUBLE类型相同。需要注意的是,DECIMAL类型的有效取值范围是由M和D决定的,其中,M表示数据的长度,D表示小数点后的长度。例如,将数据类型为DECIMAL(6,2)的数据3.141 5插入数据库后,显示的结果为3.14。

4.1.2 日期和时间类型

为了方便在数据库中存储日期和时间,MySQL提供了表示日期和时间的数据类型,分别为YEAR、DATE、TIMESTAMP、TIME和DATETIME。表4.2列举了这些MySQL中日期和时间数据类型所对应的字节数、取值范围、日期格式和零值。

每个时间类型有一个有效值范围和一个零值,当指定不合法的MySQL不能表示的值时使用零值。TIMESTAMP类型有专有的自动更新特性,将在后面描述。

表4.2 MySQL日期和时间类型

数据类型	字节数(Bytes)	取值范围	日期格式	用途	零值
DATE	3	1000-01-01/9999-12-31	YYYY-MM-DD	日期值	0000-00-00
TIME	3	'-838:59:59'/'838:59:59'	HH:MM:SS	时间值或持续时间	00:00:00
YEAR	1	1901/2155	YYYY	年份值	0000
DATETIME	8	1000-01-01 00:00:00/9999-12-31 23:59:59	YYYY-MM-DD HH:MM:SS	混合日期和时间值	0000-00-00 00:00:00
TIMESTAMP	4	1970-01-01 00:00:00/2038 结束时间是第 2 147 483 647 秒,北京时间 2038-1-19 11:14:07,格林尼治时间 2038 年 1 月 19 日 凌晨 03:14:07	YYYYMMDD HHMMSS	混合日期和时间值,时间戳	0000-00-00 00:00:00

从表4.2中可以看出，每种日期和时间类型的取值范围都是不同的。需要注意的是，如果插入的数值不合法，系统会自动将对应的零值插入数据库中。接下来，将表4.2中的类型进行详细讲解，具体如下。

1）YEAR 类型

YEAR 类型用于表示年份。在 MySQL 中，可以使用以下 3 种格式指定 YEAR 类型的值：

①使用4位字符串或数字表示，范围为"1901"～"2155"或1901～2155。例如：输入"2022"或2022，插入到数据库中的值均为2022。

②使用两位字符串表示，范围为"00"～"99"，其中，"00"～"69"范围内的值会被转换为2000～2069范围内的 YEAR 值，"70"～"99"范围内的值会被转换为1970～1999范围内的 YEAR 值。例如：输入"22"，插入到数据库中的值为2022。

③使用两位数字表示，范围为1～99，其中，1～69范围内的值会被转换为2001～2069范围内的 YEAR 值，70～99范围内的值会被转换为1970～1999范围内的 YEAR 值。例如：输入22，插入到数据库中的值为2022。

需要注意的是，当使用 YEAR 类型时，一定要区分"0"和0，因为字符串格式的"0"表示的 YEAR 值是2000，而数字格式的0表示的 YEAR 值是0000。

2）DATE 类型

DATE 类型用于表示日期值，不包含时间部分。在 MySQL 中，可以使用以下 4 种格式指定 DATE 类型的值：

①以"YYYY-MM-DD"或者"YYYYMMDD"字符串格式表示。

例如：输入"2022-01-13"或"20220113"，插入到数据库中的日期都为2022-01-13。

②以"YY-MM-DD"或者"YYMMDD"字符串格式表示。YY表示的是年，范围为00～99，其中00～69范围内的值会被转换为2000～2069范围内的值，70～99范围内的值会被转换为1970～1999范围内的值。

例如：输入"22-01-13"或"220113"，插入数据库中的日期都为2022-01-13。

③以"YY-MM-DD"或者"YYMMDD"数字格式表示。

例如：输入"22-01-13"或"220113"，插入数据库中的日期都为2022-01-13。

④使用 CURRENT_DATE 或者 NOW()表示当前的系统日期。

3）TIME 类型

TIME 类型用于表示时间值，它的显示形式一般为 HH:MM:SS，其中，HH 表示小时，

MM 表示分,SS 表示秒。在 MySQL 中,可以使用以下三种格式指定 TIME 类型的值:

①以“D HH:MM:SS”字符串格式表示。其中,D 表示日,可以取 0 ~ 34 的值,插入数据时,小时的值等于(D * 24 + HH)。

例如:输入“2 11:30:50”,插入数据库中的日期为 59:30:50。

②以“HHMMSS”字符串格式或者 HHMMSS 数字格式表示。

例如:输入“345454”或 345454,插入数据库中的日期为 34:54:54。

③使用 CURRENT_TIME 或 NOW()插入当前系统时间。

4)DATETIME 类型

DATETIME 类型用于表示日期和时间,它的显示形式为“YYYY-MM-DD HH:MM:SS”,其中,YYYY 表示年,MM 表示月,DD 表示日,HH 表示小时,MM 表示分,SS 表示秒。在 MySQL 中,可以使用以下 4 种格式指定 DATETIME 类型的值。

①以“YYYY-MM-DD HH:MM:SS”或者“YYYYMMDDHHMMSS”字符串格式表示的日期和时间,取值范围为 1000-01-01 00:00:00 至 9999-12-3 23:59:59。

例如:输入“2022-01-13 09:01:23”或“20220113090123”,插入数据库中 DATETME 值都为 2022-01-13 09:01:23。

②以“YY-MM-DD HH:MM:SS”或者“YYMMDDHHMMSS”字符串格式表示的日期和时间,其中 YY 表示年,取值范围内为 00 ~ 99 。与 DATE 类型中的 YY 相同,00 ~ 69 范围内的值会被转换为 2000 ~ 2069 范围内的值,70 ~ 99 范围内的值会被转换为 1970 ~ 1999 范围内的值。

③以“YYYYMMDDHHMMSS”或者“YYMMDDHHMMSS”数字格式表示的日期和时间。

例如:插入“20220113091023”或者“220113090123”,插入数据库中的 DATETIME 值都为 2022-01-13 09:01:23。

④使用 NOW 来输入当前系统日期和时间。

5)TIMESTAMP 类型

TIMESTAMP 类型用于表示日期和时间,它的显示形式与 DATETIME 相同,但取值范围比 DATETIME 小。下面几种 TIMESTAMP 类型与 DATETIME 类型有不同的形式,具体如下:

①使用 CURRENT_TIMESTAMP 来输入系统当前日期和时间。

②输入 NULL 时,系统会输入系统当前日期和时间。

③无任何输入时,系统会输入系统当前日期和时间。

4.1.3　字符串类型

为了存储字符串、图片和声音等数据，MySQL 提供了字符串和二进制类型。表 4.3 列举了 MySQL 中的字符串和二进制类型的字节数和用途。

表 4.3　MySQL 字符串和二进制类型

数据类型	字节数/Bytes	用途
CHAR	0～255	定长字符串
VARCHAR	0～65 535	变长字符串
TINYBLOB	0～255	不超过 255 个字符的二进制字符串
TINYTEXT	0～255	短文本字符串
BLOB	0～65 535	二进制形式的长文本数据
TEXT	0～65 535	长文本数据
MEDIUMBLOB	0～16 777 215	二进制形式的中等长度文本数据
MEDIUMTEXT	0～16 777 215	中等长度文本数据
LONGBLOB	0～4 294 967 295	二进制形式的极大文本数据
LONGTEXT	0～4 294 967 295	极大文本数据

1) CHAR 和 VARCHAR 类型

CHAR 和 VARCHAR 类型类似，但它们保存和检索的方式不同。它们的最大长度和尾部空格是否保留等方面也不同。在存储或检索过程中不进行大小写转换。为了帮助读者更好地理解 CHAR 和 VARCHAR 之间的区别，下面以 CHAR(4) 和 VARCHAR(4) 为例进行语法说明，具体如表 4.4 所示。

表 4.4　CHAR 与 VARCHAR 的区别

插入值	CHAR(4)	存储需求	VARCHAR(4)	存储需求
''	''	4 个字节	''	1 个字节
'ab'	'ab'	4 个字节	'ab'	3 个字节
'abc'	'abc'	4 个字节	'abc'	4 个字节
'abcd'	'abcd'	4 个字节	'abcd'	5 个字节
'abcdef'	'abcd'	4 个字节	'abcd'	5 个字节

从表 4.4 中可以看出，当数据为 CHAR(4) 类型时，不管插入值的长度是多少，所占用的存储空间都是 4 个字节。而 VARCHAR(4) 所对应的数据所占用的字节数为实际长度加 1。

2)BINARY 和 VARBINARY 类

BINARY 和 VARBINARY 类似于 CHAR 和 VARCHAR,不同的是它们包含二进制字符串而不包含非二进制字符串。也就是说,它们包含字节字符串而不是字符字符串。这说明它们没有字符集,并且排序和比较基于列值字节的数值。

需要注意的是,BINARY 类型长度是固定的,如果数据长度达不到最大长度,将在数据的后面用“\0”补齐,最终达到指定长度。例如:指定数据类型为 BINARY(3),当插入 a 时,实际存储的数据为“\0\0”;当插入 ab 时,实际存储的数据为“ab\0”。

3)TEXT 类型

TEXT 类型用于表示大文本数据,例如文章内容、评论等。它的类型分为 4 种:TINYTEXT、TEXT、MEDIUMTEXT 和 LONGTEXT,具体如表4.5 所示。

表4.5 TEXT 类型

数据类型	存储范围	数据类型	存储范围
TINYTEXT	0 ~ 255 字节	MEDIUMTEXT	0 ~ 16 777 215 字节
TEXT	0 ~ 65 535 字节	LONGTEXT	0 ~ 4 294 967 295 字节

4)BLOB 类型

BLOB 是一种特殊的二进制类型,它用于表示数据量很大的二进制数据,例如图片、PDF 文档等。BLOB 类型分为 4 种:TINYBLOB、BLOB、MEDIUMBLOB 和 LONGBLOB,具体如表 4.6 所示。

表4.6 BLOB 类型

数据类型	存储范围	数据类型	存储范围
TINYBLOB	0 ~ 255 字节	MEDIUMBLOB	0 ~16 777 215 字节
BLOB	0 ~65 535 字节	LONGBLOB	0 ~4 294 967 295 字节

要注意的是,BLOB 类型与 TEXT 类型很相似,但 BLOB 类型数据是根据二进制编码进行比较和排序,而 TEXT 类型数据是根据文本模式进行比较和排序。

4.2 创建数据表

数据库创建成功后,就需要创建数据表。所谓创建数据表,指的是在已存在的数据库中建立新表。需要注意的是，在操作数据表之前，应该使用"USE 数据库名"指定操作在该数据库中进行，否则会抛出"No database selected"错误。

4.2.1　创建数据表的语法形式

创建数据表的过程是规定数据列的属性的过程，同时也是实施数据完整性（包括实体完整性，引用完整性和域完整性）约束的过程。创建数据表的基本语法格式如下所示：

语法：

```
CREATE TABLE[IF NOT EXISTS]   '表名'
(
    '字段名 1'   数据类型[列级别约束条件][默认值][注释],
    '字段名 2'   数据类型[列级别约束条件][默认值][注释],
    ......
    '字段名 n'     数据类型[列级别约束条件][默认值][注释]
    )ENGINE = 存储引擎;
```

语法说明：

IF NOT EXISTS：在建表前判断，只有该表目前尚未存在时才执行 CRATE TABLE 操作。该关键字用于避免表存在时 MySQL 报告的错误。

表名：表的名称。该表名必须符合标志符规则，如果有 MySQL 关键字，必须用单引号括起来。

字段名：表中列的名字。列名必须符合标志符规则，长度不能超过 64 个字符，而且在表中要唯一。如果有 MySQL 关键字，必须用单引号括起来。

数据类型：列的数据类型。有的数据类型需要指明长度 n，并用括号括起来，如 char(25)，表示该列的类型为字符串类型且长度最长为 25。

列级别约束条件：NOT NULL|NULL 表示指定该列是否允许为空。如果不指定，则默认为 NULL。其他约束后面小节详细介绍。

默认值：DEFAULT，为列指定默认值，默认值必须为一个常数。其中，上节中介绍的 BLOB 和 TEXT 不能被赋予默认值。如果没有为列指定默认值，MySQL 会自动分配一个；如果列可以取 NULL 值，默认值就是 NULL，如果列被申明为 NOT NULL，默认值取决于列类型。

ENGINE = 存储引擎：MySQL 支持数个存储引擎作为对不同表的类型的处理器，使用时要用具体的存储引擎名称代替代码中的存储引擎,常见的存储引擎有 InnoDB、MyIsam、BDB、Archive、Memory 等,ENGINE = InnoDB。

【例 4.1】创建数据库 DB_LIBRARY,在数据库中创建表 USER_INFO。

下面阐述详细步骤:

①创建数据库:create database DB_LIBRARY default character set utf8mb4;

②选择数据库:use DB_LIBRARY;

③创建数据表:USER_INFO;

执行过程如下:

```
mysql > Create table USER_INFO
          (
          Id int,
          User_name varchar(25),
          Mobile varchar(25),
          Email varchar(25)
          );
Query OK, 0 rows affected(0.04 sec)
```

创建完成后,使用 SHOW TABLES 语句查看表是否创建成功。

```
mysql > show tables;
+--------------------------+
| Tables_in_db_library |
+--------------------------+
| user_info                |
+--------------------------+
1 row in set(0.03 sec)
```

查询结果可以看到,数据表 USER_INFO 创建成功,数据库 DB_LIBRARY 中已经存在数据表 USER_INFO。

使用 CREATE TABLE 创建表时,必须指定以下信息:

- 要创建的表名,不区分大小写,不能使用 SQL 语言中的关键字,如 DROP、ALTER、INSERT 等。
- 数据表中每个列(字段)的名称和数据类型,如果创建多个列,要用逗号隔开。

4.2.2　主键约束

主键又称主码，是表中一列或多列的组合。主键约束(Primary Key Constraint)要求主键列的数据唯一，并且不允许为空。主键是能够唯一标识表中的一条记录，可以结合外键来定义不同数据表之间的关系，并且可以加快数据库查询的速度。主键分为两种类型，即单字段主键和多字段主键。建议主键为ID，类型为INT或BIGINT，且为auto_increment。

1)单字段主键

单字段键主键由一个字段组成，设置主键的SQL语句格式分为两种情况。

其中，在定义列的同时指定主键，语法格式如下：

```
字段名 数据类型 Primary key[默认值]
```

【例4.2】创建数据表USER_INFO2，其主键为ID。

```
mysql > Create table USER_INFO2
    (
        Id int primary key,
        User_name varchar(25),
        Mobile varchar(25),
        Email varchar(25)
    );
Query OK, 0 rows affected(0.03 sec)
```

2)多字段主键

多字段主键由多个字段联合组成，语法格式如下：

```
Primary key[字段1,字段2,字段3,…,字段n]
```

【例4.3】定义数据表USER_INFO3，为了唯一确定一个用户，可以把Mobile，User_name联合起来作为主键。SQL语句如下：

```
mysql > Create table USER_INFO3
    (
    Id int,
    User_name varchar(25),
    Mobile varchar(25),
    Email varchar(25),
```

```
        primary key(Mobile,User_name)
        );
Query OK, 0 rows affected(0.03 sec)
```

4.2.3 外键约束

外键用来在两个表数据之间建立连接,它可以是一列或者多列。一个表可以有一个或多个外键。一个表的外键可以为空值,若不为空值,则每一个外键值必须等于另一个表中主键的某个值。外键的主要作用是保证数据引用的完整性,在定义外键后不允许删除在另一个表中具有关联关系的行。外键还保证数据的一致性、完整性。例如,用户表USER_INFO4 的主键 ID,在角色表 Role 中有一个键 UserID 与这个 ID 关联。

主表(父表):对于两个具有关联关系的表而言,相关联字段中主键所在的那个表即是主表。

从表(子表):对于两个具有关联关系的表而言,相关联字段中外键所在的那个表即是从表。

如定义数据表 USER_INFO4,并且在该表中创建外键约束。

创建外键的语法格式如下:

```
[COMSTRAINT <外键名>]FOREIGN KEY 字段名1[,字段名2,…]
REFERENCES <主表名> 主键列1[,主键列2,…]
```

【例 4.4】创建一个用户表 USER_INFO4。建表的 SQL 语句如下:

```
mysql >   Create table USER_INFO4
          (
          IdINT(11)   primary key,
          User_name varchar(22)
          );
Query OK, 0 rows affected(0.03 sec)
```

【例 4.5】定义角色表 Role,让 deptID 字段作为外键关联到 tb_dept1 表的主键 ID。SQL 语句如下:

```
mysql >   Create table Role
         (
          Idint(11)   primary key,
```

```
            Name varchar(25),
            UserID int(11),
            CONSTRAINT fk_user_info4 foreign key(UserId)REFERENCES USER_INFO4
(Id)
            );
    Query OK, 0 rows affected(0.04 sec)
```

以上语句执行成功后在 Role 表上添加了名称为 fk_user_info4 的外键约束,外键名称为 UserID,其依赖于 USER_INFO4 表的主键 ID。

定义外键时,需要遵守下列规则:

①主表必须已经存在于数据库中,或者是当前正在创建的表。如果是后一种情况,则主表与从表是同一个表,这样的表称为自参照表,这种结构称为自参照完整性。

②必须为主表定义主键。

③主键不能包含空值,但允许在外键中出现空值。也就是说,只要外键的每个非空值出现在指定的主键中,这个外键的内容就是正确的。

④在主表的表名后面指定列名或列名的组合。这个列或列的组合必须是主表的主键或候选键。

⑤外键中列的数目必须和主表主键中列的数目相同。外键中列的数据类型必须和主表主键中对应列的数据类型相同。

4.2.4　非空约束

非空约束指字段的值不能为空。使用此约束后,添加数据时没有指定值,数据库系统会报错。非空约束语法格式如下:

```
    字段名    数据类型    NOT NULL
```

【例 4.6】定义数据表 USER_INFO5,指定用户名不能为空。SQL 语句如下:

```
    mysql > Create table USER_INFO5
            (
              Idint(11) primary key,
              User_name varchar(25) not null
            );
    Query OK, 0 rows affected (0.03 sec)
```

执行后,数据库创建 USER_INFO5 数据表创建了一个 User_name 字段,其插入的值不能为空。

4.2.5 唯一性约束

唯一性约束(Unique Constraint)要求某列唯一,允许为空,但只能出现一个空值。唯一性约束可以确保一列或者几列都不出现重复值。

在定义完列之后指定唯一性约束,语法格式如下:

```
字段名    数据类型    UNIQUE
```

【例4.7】定义数据表USER_INFO6,指定User_name字段单列唯一性约束。SQL语句如下:

```
mysql >  Create table USER_INFO6
         (
         Id int(11)   primary key,
         User_name varchar(22) UNIQUE
         );
Query OK, 0 rows affected (0.04sec)
```

UNIQUE和PRIMARY KEY的区别:

一个表中可以有多个字段声明为UNIQUE ,但只能有一个PRIMARY KEY声明;声明为PRIMARY KEY的列,不允许有空值,但是声明为UNIQUE的字段允许空值的存在。

4.2.6 默认约束

默认约束(Default Constraint)指定某列的默认值。例如,用户列表中的重庆人比较多,就可以设置city字段的默认值为"重庆"。如果插入一条新记录时没有为这个字段赋值,那么系统会自动为这个字段赋值"重庆"。

默认约束的语法格式如下:

```
字段名  数据类型  DEFAULT  默认值
```

【例4.8】定义数据表db_8,指定员工的城市默认值为"重庆"(重庆需要用英文引号括起来)。SQL语句如下:

```
mysql > Create table db_8
        (
        Id INT(11) primary key,
```

```
        User_Name VARCHAR(25) UNIQUE,
        City VARCHAR(20) DEFAULT "重庆"
        );
Query OK, 0 rows affected (0.03 sec)
```

4.2.7 自增属性

在 MySQL 数据库设计中,我们会遇到需要系统自动生成字段主键值的情况。例如,用户表中需要 ID 字段自增,需要使用 AUTO_INCREMENT 关键字来实现。

属性值自动增加的语法格式如下:

```
字段名 数据类型 AUTO_INCREMENT
```

【例 4.9】定义数据表 USER_INFO7,指定用户的编号自动增加。SQL 语句如下:

```
mysql >   Create table USER_INFO7
              (
              Id INT(11)   primary key   AUTO_INCREMENT,
              User_Name VARCHAR(25) UNIQUE,
              City VARCHAR(20) DEFAULT "重庆"
              );
Query OK, 0 rows affected (0.03 sec)
```

以上语句执行后会创建名称为 USER_INFO7 的数据表,表中的 ID 字段值在添加记录的时候会自动增加。ID 字段值默认从 1 开始,每次添加一条新纪录,该值自动加 1。

4.3 查看数据表结构

4.3.1 查看数据表基本结构

使用 DESCRIBE/DESC 语句可以查看表字段信息,包括字段名、字段数据类型、是否为主键、是否有默认值等。其语法格式如下:

```
DESCRIBE/DESC <表名>
```

【例 4.10】查看 USER_INFO7 表的结构。SQL 语句如下:

```
mysql > DESC USER_INFO7;
+----------+-------------+-----+-----+---------+----------------+
| Field    | Type        | Null | Key | Default | Extra          |
+----------+-------------+-----+-----+---------+----------------+
| Id       | int(11)     | NO  | PRI | NULL    | auto_increment |
| User_Name | varchar(25) | YES | UNI | NULL    |                |
| City     | varchar(20) | YES |     | 重庆    |                |
+----------+-------------+-----+-----+---------+----------------+
3 rows in set (0.09 sec)
```

USER_INFO7 表中各个字段的含义分别如下：

NULL：表示该列是否可以存储 NULL 值。

Key：表示该列是否已编制索引。PRI 表示该列是表主键的一部分；UNI 表示该列是 UNIQUE（唯一性约束）索引的一部分；MUL 表示在该列表中某个给定值允许出现多次。

Default：表示该列是否有默认值，如果有，值是多少。

Extra：表示可以获取的与给定列有关的附加信息，如 AUTO_INCREMENT 等。

4.3.2 查看数据表详细结构

SHOW CREATE TABLE 语句可以用来查看表的详细信息。语法格式如下：

```
SHOW CREATE TABLE <表名>;
```

【例 4.11】查看 USER_INFO7 表的详细信息。SQL 语句如下：

```
mysql > show create table USER_INFO7;
+------------+--------------------------------------------+
| Table      | Create Table
+------------+--------------------------------------------+
| USER_INFO7 | CREATE TABLE 'user_info7' (
  'Id' int(11) NOT NULL AUTO_INCREMENT,
  'User_Name' varchar(25) DEFAULT NULL,
  'City' varchar(20) DEFAULT '重庆',
  PRIMARY KEY ('Id'),
  UNIQUE KEY 'User_Name' ('User_Name')
) ENGINE = InnoDB DEFAULT CHARSET = utf8mb4 |
```

```
+-----------+--------------------------------------------------------+
1 row in set (0.07 sec)
```

4.4 修改数据表

修改表的常用操作有修改表名、修改字段数据类型或字段名、增加和删除字段、修改字段的排列位置、更改表的存储引擎、删除表的外键约束等。

4.4.1 修改表名

MySQL 通过 ALTER TABLE 语句来实现表名的修改。具体语法格式如下:

```
ALTER TABLE <新表名>RENAME[TO]<旧表名>;
```

其中,TO 为可选参数,使用与否不影响结果。

【例 4.12】将数据表 USER_INFO7 改名为 TB_USER。

操作步骤:

①查看数据库中所有表:SHOW TABLES。

```
mysql > SHOW TABLES;
+----------------------+
| Tables_in_db_library |
+----------------------+
| db_8                 |
| role                 |
| tb_u                 |
| tb_u2                |
| user_info            |
| user_info2           |
| user_info4           |
| user_info5           |
| user_info6           |
| user_info7           |
+----------------------+
10 rows in set (0.00 sec)
```

②使用 ALTER TABLE 将 USER_INFO7 表名修改为 TB_USER，SQL 语句如下：

```
mysql > ALTER TABLE USER_INFO7 RENAME TB_USER;
Query OK, 0 rows affected (0.01 sec)
```

操作结果执行完成后，对比结果发现数据表 user_info7 已经没有了，而多出来了 tb_user 这个数据表。修改表名成功。

```
mysql > show tables;
+----------------------+
| Tables_in_db_library |
+----------------------+
| db_8                 |
| role                 |
| tb_user              |
| user_info            |
| user_info2           |
| user_info3           |
| user_info4           |
| user_info5           |
| user_info6           |
+----------------------+
9 rows in set (0.08 sec)
```

4.4.2 修改字段数据类型

修改字段数据类型就是把字段的数据类型转换成另一种数据类型。在 MySQL 中，修改字段数据类型的语法格式如下：

```
ALTER TABLE <表名> MODIFY <字段名> <数据类型>
```

其中，表名指要修改数据类型的字段所在表的名称，字段名指需要修改的字段，数据类型指修改后字段的新数据类型。

【例4.13】将例4.12 TB_USER 中 User_Name 字段的数据类型由 VARCHAR(25)修改成 VARCHAR(28)。

修改数据类型的步骤如下：

①查看 TB_USER 表的结构；

```
mysql > DESC TB_USER;
+-----------+-------------+------+-----+---------+----------------+
| Field     | Type        | Null | Key | Default | Extra          |
+-----------+-------------+------+-----+---------+----------------+
| Id        | int(11)     | NO   | PRI | NULL    | auto_increment |
| User_Name | varchar(25) | YES  | UNI | NULL    |                |
| City      | varchar(20) | YES  |     | 重庆    |                |
+-----------+-------------+------+-----+---------+----------------+
3 rows in set (0.00 sec)
```

②执行修改语句；

```
mysql > ALTER TABLE TB_USER MODIFY User_Name VARCHAR(28);
```

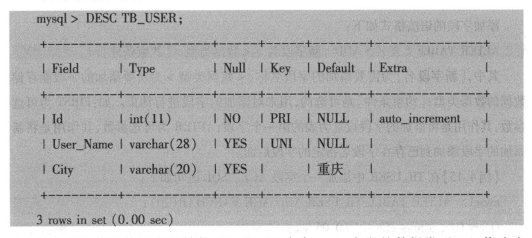

③再次查看表结构。

```
mysql > DESC TB_USER;
+-----------+-------------+------+-----+---------+----------------+
| Field     | Type        | Null | Key | Default | Extra          |
+-----------+-------------+------+-----+---------+----------------+
| Id        | int(11)     | NO   | PRI | NULL    | auto_increment |
| User_Name | varchar(28) | YES  | UNI | NULL    |                |
| City      | varchar(20) | YES  |     | 重庆    |                |
+-----------+-------------+------+-----+---------+----------------+
3 rows in set (0.00 sec)
```

仔细对比修改前后表的结构，TB_USER 表中 name 字段的数据类型已经修改为 VARCHAR(28)，修改成功。

4.4.3 修改字段名

在 MySQL 中，修改表字段名的语法格式如下：

```
ALTER TABLE <表名> CHANGE <旧字段名> <新字段名> <新数据类型>;
```

语法说明：

旧字段名：修改前的字段名；

新字段名：修改后的字段名；

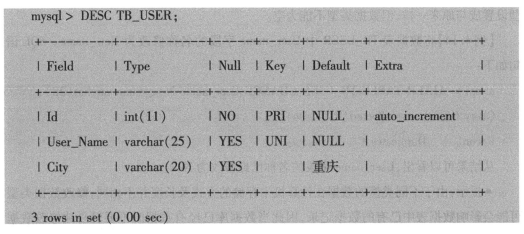

新数据类型：修改后的数据类型。如果不需要修改字段的数据类型，可以将新数据类

型设置成与原来一样，但数据类型不能为空。

【例 4.14】将数据表 TB_USER 中 User_name 字段的名称修改为 New_name。SQL 语句如下：

```
mysql > ALTER TABLE TB_USER CHANGE User_name New_name varchar(28);
Query OK, 0 rows affected(0.01 sec)
Records:0   Duplicates:0   Warnings:0
```

从结果可以看出，User_name 字段的名称已经修改为 New_name。

● 提示：由于不同类型的数据在计算机中存储的方式及长度并不相同，修改数据类型可能会影响数据表中已有的数据记录，因此当数据库已经有数据时不要轻易地修改数据类型。

4.4.4 添加字段

添加字段的语法格式如下：

```
ALTER TABLE <表名> ADD <新字段名> <数据类型>[约束条件];
```

其中，[新字段名]为需要添加的字段名称；<数据类型>为所要添加的字段能存储数据的数据类型；[约束条件]是可选的，用来对添加的字段进行约束。如：FIRST 为可选参数，其作用是将添加的字段设置为表的第一个字段；AFTER 为可选参数，其作用是将新添加的字段添加到已存在字段名指定的字段后面。

【例 4.15】在 TB_USER 中添加一个字段 AGE。SQL 语句如下：

```
mysql > ALTER TABLE TB_USER ADD AGE VARCHAR(20);
Query OK, 0 rows affected (0.06 sec)
Records:0   Duplicates:0   Warnings:0
```

从结果可以看出添加了一个字段 AGE，在默认情况下，该字段放在最后一列。

也可以在数据表的第一列添加字段。

【例 4.16】在数据表 TB_USER 中添加一个 INT 类型的字段 NEWID。SQL 语句如下：

```
mysql > ALTER TABLE TB_USER ADD NEWID INT(11) FIRST;
Query OK, 0 rows affected (0.06 sec)
Records: 0   Duplicates: 0   Warnings: 0
```

字段添加成功后，使用 DESC TB_USER 查看表结构，SQL 语句如下：

```
mysql > DESC TB_USER;
+----------+-------------+------+-----+---------+----------------+
| Field    | Type        | Null | Key | Default | Extra          |
+----------+-------------+------+-----+---------+----------------+
| NEWID    | int(11)     | YES  |     | NULL    |                |
| Id       | int(11)     | NO   | PRI | NULL    | auto_increment |
| New_name | varchar(28) | YES  | UNI | NULL    |                |
| City     | varchar(20) | YES  |     | 重庆    |                |
| AGE      | varchar(20) | YES  |     | NULL    |                |
+----------+-------------+------+-----+---------+----------------+
5 rows in set (0.04 sec)
```

查看表结构可看出,数据表的第一列成功添加 NEWID 字段。

【例 4.17】在数据表 TB_USER 中的 AGE 列后添加一个 INT 类型的字段 NO。SQL 语句如下:

```
mysql > ALTER TABLE TB_USER ADD NO INT(11) AFTER AGE;
Query OK, 0 rows affected (0.09 sec)
Records: 0  Duplicates: 0  Warnings: 0
```

字段添加成功后,使用 DESC TB_USER 查看表结构,SQL 语句如下:

```
mysql > DESC TB_USER;
+----------+-------------+------+-----+---------+----------------+
| Field    | Type        | Null | Key | Default | Extra          |
+----------+-------------+------+-----+---------+----------------+
| NEWID    | int(11)     | YES  |     | NULL    |                |
| Id       | int(11)     | NO   | PRI | NULL    | auto_increment |
| New_name | varchar(28) | YES  | UNI | NULL    |                |
| City     | varchar(20) | YES  |     | 重庆    |                |
| AGE      | varchar(20) | YES  |     | NULL    |                |
| NO       | int(11)     | YES  |     | NULL    |                |
+----------+-------------+------+-----+---------+----------------+
6 rows in set (0.04 sec)
```

从结果可以看出，TB_USER 表中添加了一个名称为 NO 的字段，其位置在指定的 AGE 字段的后面，添加字段成功。

4.4.5 删除字段

删除字段是将数据表中的某个字段从表中移除，其语法格式如下：

```
ALTER TABLE <表名> DROP <字段名>;
```

其中，“字段名”指需要从表中删除的字段的名称。

【例 4.18】删除数据表 TB_USER 中的 NO 字段，SQL 语句如下：

```
mysql > ALTER TABLE TB_USER DROP NO;
Query OK, 0 rows affected (0.06 sec)
Records:0  Duplicates:0  Warnings:0
```

使用 DESC TB_USER 查看表结构，SQL 语句如下：


```
mysql > ALTER TABLE TB_USER DROP NO;
Query OK, 0 rows affected (0.06 sec)
Records: 0  Duplicates: 0  Warnings: 0
```

使用 DESC TB_USER 查看表结构，SQL 语句如下：


```
mysql > DESC TB_USER;
+-----------+-------------+------+-----+---------+----------------+
| Field     | Type        | Null | Key | Default | Extra          |
+-----------+-------------+------+-----+---------+----------------+
| NEWID     | int(11)     | YES  |     | NULL    |                |
| Id        | int(11)     | NO   | PRI | NULL    | auto_increment |
| User_Name | varchar(28) | YES  | UNI | NULL    |                |
| City      | varchar(20) | YES  |     | 重庆    |                |
| AGE       | varchar(20) | YES  |     | NULL    |                |
+-----------+-------------+------+-----+---------+----------------+
5 rows in set (0.00 sec)
```

从结果可以看出，TB_USER 表中已经不存在名称为 NO 的字段，删除字段成功。

4.5　数据表的其他操作

4.5.1　修改字段排序

通常使用 ALTER TABLE 修改字段的排列顺序,修改字段排序的语法格式如下:

```
ALTER TABLE <表名> MODIFY <字段1> <数据类型> FIRST|AFTER <字段2>;
```

【例 4.19】将数据表 TB_USER 中的 ID 字段修改为表的第一个字段。SQL 语句如下:

```
mysql > ALTER TABLE TB_USER MODIFY ID INT(11) FIRST;
Query OK, 0 rows affected (0.07 sec)
Records: 0  Duplicates: 0  Warnings: 0
```

字段修改成功后,使用 DESC TB_USER 查看表结构,SQL 语句如下:

```
mysql > DESC TB_USER;
+----------+-----------+------+-----+---------+-------------+
| Field    | Type      | Null | Key | Default | Extra       |
+----------+-----------+------+-----+---------+-------------+
| ID       | int(11)   | NO   | PRI | NULL    |             |
| NEWID    | int(11)   | YES  |     | NULL    |             |
| New_name | varchar(28)| YES | UNI | NULL    |             |
| City     | varchar(20)| YES |     | 重庆    |             |
| AGE      | varchar(20)| YES |     | NULL    |             |
+----------+-----------+------+-----+---------+-------------+
5 rows in set (0.07 sec)
```

也可以修改字段到指定列之后。

【例 4.20】将数据表 TB_USER 中的 New_name 字段移动到 AGE 字段后面。SQL 语句如下:

```
mysql > ALTER TABLE TB_USER MODIFY New_name VARCHAR(28) AFTER AGE;
Query OK, 0 rows affected (0.01 sec)
Records:0  Duplicates:0  Warnings:0
mysql > DESC TB_USER;
```

```
+----------+-------------+------+-----+---------+---------------+
| Field    | Type        | Null | Key | Default | Extra         |
+----------+-------------+------+-----+---------+---------------+
| ID       | int(11)     | NO   | PRI | NULL    |               |
| NEWID    | int(11)     | YES  |     | NULL    |               |
| City     | varchar(20) | YES  |     | 重庆    |               |
| AGE      | varchar(20) | YES  |     | NULL    |               |
| New_name | varchar(28) | YES  | UNI | NULL    |               |
+----------+-------------+------+-----+---------+---------------+
5 rows in set (0.00 sec)
```

4.5.2 更改表的存储引擎

更改表的存储引擎的语法格式如下：

```
ALTER TABLE <表名> ENGINE = <更改后的存储引擎名>;
```

【例 4.21】将 TB_USER 数据表的存储引擎修改为 MyISAM。SQL 语句如下：

```
mysql> ALTER TABLE TB_USER ENGINE = MyISAM;
Query OK, 0 rows affected (0.04 sec)
Records:0  Duplicates:0  Warnings:0
```

4.5.3 删除表的外键约束

对于数据库中定义的外键，如果不再需要，可以将其删除。外键一旦删除，就会解除主表和从表间的关联关系。MySQL 中删除外键的语法格式如下：

```
ALTER TABLE <表名> DROP FOREIGN KEY <外键约束名>
```

其中，“外键约束名”指在定义表时 CONSTRAINT 关键字后面的参数。

【例 4.22】删除数据表 Role 中的外键约束 fk_user_info4。

①首先查看 Role 的结构。SQL 语句如下：

```
mysql>SHOW CREATE TABLE Role;
+-------+------------------------------------------------+
| Table | Create Table  |
```

```
+--------+------------------------------------------------+
| Role   | CREATE TABLE 'role' (
  'Id' int(11) NOT NULL,
  'Name' varchar(25) DEFAULT NULL,
  'UserId' int(11) DEFAULT NULL,
  PRIMARY KEY ('Id'),
  KEY 'fk_user_info4' ('UserId'),
  CONSTRAINT 'fk_user_info4' FOREIGN KEY ('UserId') REFERENCES 'user_info4'
('Id')
) ENGINE = InnoDB DEFAULT CHARSET = utf8mb4 |
+--------+------------------------------------------------+
1 row in set (0.08 sec)
```

②删除数据表 db_5 的外键 fk_emp_dept1。SQL 语句如下：

```
mysql > ALTER TABLE Role DROP FOREIGN KEY fk_user_info4;
Query OK, 0 rows affected (0.01 sec)
Records:0  Duplicates:0  Warnings:0
mysql > Show CREATE TABLE Role;
+--------+------------------------------------------------+
| Table  | Create Table                    |
+--------+------------------------------------------------+
| Role   | CREATE TABLE 'role' (
  'Id' int(11) NOT NULL,
  'Name' varchar(25) DEFAULT NULL,
  'UserId' int(11) DEFAULT NULL,
  PRIMARY KEY ('Id'),
  KEY 'fk_user_info4' ('UserId')
) ENGINE = InnoDB DEFAULT CHARSET = utf8mb4 |
+--------+------------------------------------------------+
1 row in set (0.07 sec)
```

可以看到，Role 表中已经不存在 FOREIGN KEY，原有的名称为 fk_user_info4 的外键约束删除成功。

4.6 删除数据表

对于不需要的数据表,可以将其从数据库中删除,切记不要随意删除数据表。

4.6.1 删除没有被关联的表

MySQL 中使用 DROP TABLE 可以一次删除一个或多个没有被其他表关联的数据表,语法格式如下:

```
DROP TABLE [IF EXISTS] 表1,表2,…,表n;(表n表示要删除的表名称)
```

IF EXISTS:在建表前判断,只有该表目前存在时才执行 DROP TABLE 操作。该关键字用于避免表不存在时 MySQL 报告的错误。

【例 4.23】删除 USER_INFO3 数据表。SQL 语句如下:

```
mysql > DROP TABLE USER_INFO3;
Query OK, 0 rows affected (0.02 sec)
mysql > SHOW TABLES;
+----------------------+
| Tables_in_db_library |
+----------------------+
| db_8                 |
| role                 |
| tb_user              |
| user_info            |
| user_info2           |
| user_info4           |
| user_info5           |
| user_info6           |
+----------------------+
8 rows in set (0.06 sec)
```

使用 SHOW TABLES 查看数据表命令后,可以发现删除后数据列表中已经不存在名称为 USER_INFO3 的数据表,表示删除操作成功。

4.6.2 删除被其他表关联的主表

在数据表之间存在外键关联的情况下，如果直接删除父表，结果会显示失败，原因是直接删除将破坏表的完整性。可以先删除与它关联的子表，再删除父表，只是这样同时删除了两个表中的数据。有些情况下需要保留子表，这时如果要单独删除父表，只需将关联的表的外键约束条件取消，然后就可以删除父表。

【例4.24】在数据库中创建两个关联表。首先创建tb_U1表，SQL语句如下：

```
mysql > Create table tb_U1
        (
          Id int(11)   primary key,
          Name varchar(22)
        );
Query OK, 0 rows affected (0.04 sec)
```

接下来创建tb_U2表，SQL语句如下：

```
mysql >  Create table tb_U2
        (
          Id INT(11) primary key,
          Name varchar(25),
          uid1 int(11),
          CONSTRAINT fk_tb_u1 FOREIGN KEY(uid1) REFERENCES  tb_U1(id)
        );
Query OK, 0 rows affected (0.04 sec)
```

接下来使用SHOW CREATE TABLE命令查看tb_U2表的外键约束，SQL语句如下：

```
mysql > SHOW CREATE TABLE tb_U2;
+-------+-----------------------------------------------+
| Table   | Create Table
+-------+-----------------------------------------------+
| tb_U2   | CREATE TABLE 'tb_u2' (
  'Id' int(11) NOT NULL,
  'Name' varchar(25) DEFAULT NULL,
  'uid1' int(11) DEFAULT NULL,
```

```
  PRIMARY KEY ('Id'),
  KEY 'fk_tb_u1' ('uid1'),
  CONSTRAINT 'fk_tb_u1' FOREIGN KEY ('uid1') REFERENCES 'tb_u1' ('Id')
) ENGINE = InnoDB DEFAULT CHARSET = utf8mb4   |
+--------+----------------------------------------------------+
1 row in set (0.07 sec)
```

从结果可以看到,在数据表 tb_U2 上创建了一个名称为 fk_tb_u1 的外键约束。

【例 4.25】删除父表 tb_U1。

首先直接删除父表 tb_U1,语句如下:

```
mysql > DROP TABLE tb_U1;
1217 - Cannot delete or update a parent row:a foreign key constraint fails
```

执行结果显示,当存在外键约束时,主键不能被直接删除。

不能直接删除父表的情况下,尝试先删除关联子表 tb_U2 的外键约束,SQL 语句如下:

```
mysql > ALTER TABLE tb_U2 DROP FOREIGN KEY fk_tb_u1;
Query OK, 0 rows affected (0.02 sec)
Records:0   Duplicates:0   Warnings:0
```

该语句执行后将取消 tb_U1 和 tb_U2 表之间的关联关系,此时可以输入删除语句,将原来的父表 tb_U1 删除,SQL 语句如下:

```
mysql > DROP TABLE tb_U1;
Query OK, 0 rows affected (0.01 sec)
```

最后通过 SHOW TABLES 查看数据表列表,显示结果如下:

```
mysql > SHOW TABLES;
+----------------------+
| Tables_in_db_library |
+----------------------+
| db_8                 |
| role                 |
| tb_u2                |
| tb_user              |
```

```
| user_info        |
| user_info2       |
| user_info4       |
| user_info5       |
| user_info6       |
+------------------+
9 rows in set(0.07 sec)
```

从以上结果可以看到，数据表列表中已经不存在名称为 tb_U1 的表，表示成功删除父表。

4.7　综合案例——图书管理系统

4.7.1　案例背景

为方便对图书馆书籍、读者资料、借还书等进行高效的管理，特编写该数据库以提高图书馆的管理效率。使用该数据库之后，工作人员可以查询某位读者、某种图书的借阅情况，还可以对当前图书借阅情况进行一些统计，给出统计表格，以便全面掌握图书的流通情况。

4.7.2　案例目的

创建数据库 DB_LIBRARY，按照表 4.7、表 4.8 和表 4.9 给出的表结构在 DB_LIBRARY 数据库中创建三个数据表，分别为用户信息表、图书信息表和借阅预约信息表，按照操作过程完成对数据表的基本操作。

表 4.7　用户信息表

字段名	字段类型	是否可为空	默认值	字段含义	注释
Id	int	N		编号	主键
User_name	varchar(20)	N		姓名	
Brith_date	date	N		出生日期	YYYY-MM-DD
Id_card	varchar(20)	N		身份证号	
Login_name	varchar(50)	N		登录名称	

续表

字段名	字段类型	是否可为空	默认值	字段含义	注释
Password	varchar(20)	N		登录密码	
Mobile	varchar(20)	N		手机号	
Email	varchar(20)	N		电子邮箱	
Dept_id	int	N		部门编号	
Role_id	int	N		角色编号	

表 4.8　图书信息表

字段名	字段类型	是否可为空	默认值	字段含义	注释
Id	int	N		图书编号	主键
Book_name	varchar(20)	N		图书名称	
Author	varchar(20)	N		作者	
Price	Decimal	N		图书定价	
Cd	int	N		是否有光盘	0:有;1:无
Publish	varchar(50)	N		出版社	
Book_classify_id	int	N		图书分类编号	
Account	int	N		图书总数量	
ISBN	varchar(50)	N		ISBN 编号	
Create_time	datetime	N		创建时间	
remark	varchar(255)	Y		备注	

表 4.9　借阅预约信息表

字段名	字段类型	是否可为空	默认值	字段含义	注释
Id	int	N		预约流水编号	主键
Book_id	int	N		图书编号	
user_id	int	N		用户编号	
Borrow_time	date	N		借阅时间	
Appoint_time	date	N		预约时间	
Create_time	datetime	N		创建时间	
Remark	varchar(255)	Y		备注	

4.7.3 案例操作过程

1)登录 MySQL 数据库

打开 Windows 命令行,输入登录用户名和密码,登录成功后可以输入 SQL 语句进行操作。

2)创建"图书管理"数据库

"图书管理系统"数据库创建语句如下:

```
mysql > create database LIBRARY default character set utf8mb4;
Query OK, 1 row affected(0.00 sec)
```

结果显示创建成功。如果结果显示该数据库已经存在,这种情况可以使用其他名字进行命名,在 LIBRARY 数据库中创建表,必须先选择使用该数据库,SQL 语句如下:

```
mysql > USE LIBRARY;
Database changed
```

结果显示 Database changed,表示成功选择该数据库。

3)创建用户信息表(USER_INFO)

创建 USER_INFO 表的语句如下:

```
mysql > create table USER_INFO
        (
            Id int primary key,
            User_name varchar(255)not null,
            Brith_date date not null,
            Id_card varchar(255)not null,
            Login_name varchar(255)not null,
            Password varchar(255)not null,
            Mobile varchar(255)not null,
            Email varchar(255)not null,
            Dept_id int not null,
            Role_id int not null
        );
Query OK, 0 rows affected (0.03 sec)
```

执行成功后,使用 SHOW TABLES 语句查看数据库中的表,SQL 语句如下:

```
mysql > SHOW TABLES;
+ - - - - - - - - - - - - - - - - - - - - - - - - +
| Tables_in_library |
+ - - - - - - - - - - - - - - - - - - - - - - - - +
| user_info          |
+ - - - - - - - - - - - - - - - - - - - - - - - - +
1 row in set (0.06 sec)
```

结果显示,数据库中已经有了 USER_INFO 表,表示创建成功。

4)创建图书信息表(BOOK_INFO)

```
mysql > create table BOOK_INFO
        (
            Id int primary key,
            Book_name varchar(255)not null,
            Author varchar(255)not null,
            Price Decimal not null,
            Cd int not null,
            Publish varchar(50)not null,
            Book_classify_id int not null,
            Account int not null,
            ISBN varchar(50)not null,
            Create_time datetime not null,
            Remark varchar(255)not null
        );
Query OK, 0 rows affected (0.03 sec)
```

5)创建借阅预约信息表(BOOK_OR_INFO)

```
mysql > create table BOOK_OR_INFO
        (
            Id int primary key,
            Book_id int not null,
```

```
        user_id int not null,
        Borrow_time date not null,
        Appoint_time date not null,
        Create_time datetime not null,
        Remark varchar(255)
    );
Query OK, 0 rows affected(0.03 sec)
```

4.8 实训项目——生产管理系统

通过综合案例——图书管理系统的数据表的基本操作,读者应该对数据库的创建、数据表的创建更加熟练,接下来读者可以自己创建数据库 DB_MAKE,按照表 4.10、表 4.11、表 4.12 和表 4.13 给出的表结构在 DB_MAKE 数据库中创建 4 个数据表,分别为产品信息表、产品分类表、生产表和生产工序表,按照操作过程完成对数据表的基本操作。

表 4.10 产品信息表

字段名	字段类型	是否可为空	默认值	字段含义	注释
product_id	bigint(20)	N		产品信息 Id	主键
product_name	varchar(50)	Y		产品名称	
category_id	bigint(20)	Y		分类 id	
brand_id	bigint(20)	Y		品牌 id	
model_id	bigint(20)	Y		规格型号 id	
unit_id	bigint(20)	Y		单位 id	
safety_stock	int(11)	Y	0	安全库存	
current_number	int(11)	Y	0	当前库存	
purchase_price	decimal(20,4)	Y	0.0000	采购价	
retail_price	decimal(20,4)	Y	0.0000	零售价	
sell_price	decimal(20,4)	Y	0.0000	销售价	
status	cahr(1)	Y		0:可用;1:不可用	
create_user	varchar(30)	Y		创建人	
create_time	datetime	Y		创建时间	
update_user	varchar(30)	Y		修改人	
update_time	datetime	Y		修改时间	

表 4.11　产品分类表

字段名	字段类型	是否可为空	默认值	字段含义	注释
category_id	int(11)	N		产品分类 id	主键
category_name	varchar(30)	Y		产品分类名称	
category_level	int(11)	Y		等级	
parent_id	int(11)	Y		上级 id	
sort	int(11)	Y		显示顺序	
serial_no	varchar(50)	Y		编号	
remark	varchar(255)	Y		备注	
create_user	varchar(30)	Y		创建人	
create_time	datetime	Y		创建时间	
update_user	varchar(30)	Y		修改人	
update_time	datetime	Y		修改时间	

表 4.12　生产表

字段名	字段类型	是否可为空	默认值	字段含义	注释
make_id	bigint(20)	N		生产信息 id	主键
make_sn	varchar(30)	Y		生产编号	
order_sn	varchar(30)	Y		订单编号	
origin_sn	varchar(30)	Y		原始编号	
product_id	bigint(20)	Y		产品 id	
dept_id	bigint(20)	Y		部门 id	
model_id	bigint(20)	Y		规格型号 id	
unit_id	bigint(20)	Y		单位 id	
order_num	int(11)	Y		订单数量	
prod_num	int(11)	Y		生产数量	
end_time	datetime	Y		计划完工时间	
status	char(1)	Y	0	状态 0:可用;1:不可用	
create_user	varchar(30)	Y		创建人	
create_time	datetime	Y		创建时间	
update_user	varchar(30)	Y		修改人	
update_time	datetime	Y		修改时间	

表 4.13 生产工序表

字段名	字段类型	是否可为空	默认值	字段含义	注释
make_work_id	bigint(20)	N		生产工序 id	主键
make_id	bigint(20)	Y		生产 id	
seq	int(11)	Y		显示顺序	
work_id	bigint(20)	Y		工序 id	
work_type	varchar(1)	Y		工序结算类型 0:计件;1:计时	
work_user	bigint(20)	Y		负责人员	
work_quality	bigint(20)	Y		质检人员	
end_time	datetime	Y		计划完工时间	
status	varchar(1)	Y		状态 0:未开始;1:加工中; 2:已汇报;3:已验收	

1)创建"生产管理系统"数据库

在安装好的 MYSQL 中创建"生产管理系统"数据库,语句如下:

```
mysql > create database DB_MAKE default character set utf8mb4;
Query OK, 1 row affected(0.00 sec)
```

2)在"生产管理系统"数据库中创建表

(1)创建产品信息表(product_info)

```
mysql > CREATE TABLE 'product_info'(
  'product_id' bigint(20)NOT NULL COMMENT '产品信息 id',
  'product_name' varchar(50)DEFAULT NULL COMMENT '产品名称',
  'category_id' bigint(20)DEFAULT NULL COMMENT '分类 id',
  'brand_id' bigint(20)DEFAULT NULL COMMENT '品牌 id',
  'model_id' bigint(20)DEFAULT NULL COMMENT '规格型号 id',
  'unit_id' bigint(20)DEFAULT NULL COMMENT '单位 id',
  'safety_stock' int(11)DEFAULT '0' COMMENT '安全库存',
  'current_number' int(11)DEFAULT '0' COMMENT '当前库存',
  'purchase_price' decimal(20,4)DEFAULT '0.0000' COMMENT '采购价',
  'retail_price' decimal(20,4)DEFAULT '0.0000' COMMENT '零售价',
```

```
  'sell_price' decimal(20,4) DEFAULT '0.0000' COMMENT '销售价',
  'status' char(1) DEFAULT '0' COMMENT '0:可用;1:不可用',
  'create_user' varchar(30) DEFAULT NULL COMMENT '创建人',
  'create_time' datetime DEFAULT NULL COMMENT '创建时间',
  'update_user' varchar(30) DEFAULT NULL COMMENT '修改人',
  'update_time' datetime DEFAULT NULL COMMENT '修改时间',
  PRIMARY KEY('product_id') USING BTREE
) ENGINE = InnoDB DEFAULT CHARSET = utf8;
Query OK, 0 rows affected(0.06 sec)
```

(2)创建产品分类表(product_category)

```
mysql > CREATE TABLE 'product_category'(
  'category_id' int(11) NOT NULL AUTO_INCREMENT COMMENT'主键',
  'category_name' varchar(50) DEFAULT NULL COMMENT '产品分类名称',
  'category_level' int(11) DEFAULT NULL COMMENT '等级',
  'parent_id' int(11) DEFAULT '0' COMMENT '上级 id',
  'sort' int(11) DEFAULT NULL COMMENT '显示顺序',
  'serial_no' varchar(100) DEFAULT NULL COMMENT '编号',
  'remark' varchar(255) DEFAULT NULL COMMENT '备注',
  'create_user' varchar(30) DEFAULT NULL COMMENT '创建人',
  'create_time' datetime DEFAULT NULL COMMENT '创建时间',
  'update_user' varchar(30) DEFAULT NULL COMMENT '修改人',
  'update_time' datetime DEFAULT NULL COMMENT '修改时间',
  PRIMARY KEY('category_id') USING BTREE
) ENGINE = InnoDB  CHARSET = utf8 COMMENT = '产品类型表';
Query OK, 0 rows affected(0.03 sec)
```

(3)创建生产表(make)

```
mysql > CREATE TABLE 'make'(
  'make_id' bigint(20) NOT NULL,
  'make_sn' varchar(30) DEFAULT NULL COMMENT '产品编号',
  'order_sn' varchar(30) DEFAULT NULL COMMENT '销售编号',
  'origin_sn' varchar(30) DEFAULT NULL COMMENT '原始订单编号',
```

```
    'product_id' bigint(20) DEFAULT NULL COMMENT '商品',
    'dept_id' bigint(20) DEFAULT NULL COMMENT '部门 id',
    'model_id' varchar(30) DEFAULT NULL COMMENT '商品型号 id',
    'unit_id' varchar(30) DEFAULT NULL COMMENT '单位 id',
    'order_num' int(11) DEFAULT NULL COMMENT '订购数量',
    'prod_num' int(11) DEFAULT NULL COMMENT '生产数量',
    'end_time' datetime DEFAULT NULL COMMENT '计划完工日期',
    'status' char(1) DEFAULT '0' COMMENT '状态 0:可用;1:不可用',
    'create_user' varchar(30) DEFAULT NULL COMMENT '创建人',
    'create_time' datetime DEFAULT NULL COMMENT '创建时间',
    'update_user' varchar(30) DEFAULT NULL COMMENT '修改人',
    'update_time' datetime DEFAULT NULL COMMENT '修改时间',
    PRIMARY KEY('make_id') USING BTREE
  ) ENGINE = InnoDB DEFAULT CHARSET = utf8 COMMENT = '生产计划表';
  Query OK, 0 rows affected(0.03 sec)
```

(4)创建生产工序表(make_work)

```
  mysql > CREATE TABLE 'make_work'(
    'make_work_id' bigint(20) NOT NULL COMMENT '生产工序 id',
    'make_id' bigint(20) DEFAULT NULL COMMENT '生产 id',
    'seq' int(11) DEFAULT NULL COMMENT '显示顺序',
    'work_id' varchar(50) DEFAULT NULL COMMENT '工序 id',
    'work_type' varchar(1) DEFAULT NULL COMMENT '0:计件;1 计时',
    'work_user' varchar(20) DEFAULT NULL COMMENT '负责人员',
    'work_quality' bigint(20) DEFAULT NULL COMMENT '质检人员',
    'end_time' datetime DEFAULT NULL COMMENT '计划完工时间',
    'status' varchar(1) DEFAULT '0' COMMENT '状态 0:未开始;1 加工中;2:已汇报;3:
已验收',
    PRIMARY KEY('make_work_id') USING BTREE
  ) ENGINE = InnoDB DEFAULT CHARSET = utf8;
  Query OK, 0 rows affected(0.03 sec)
```

本章小结

本章介绍数据表的基本操作:创建数据表、查看数据表、修改数据表、删除数据表。数据表字段约束:主键约束、外键约束、非空约束、唯一约束、默认约束、自增属性。

课后习题

1. 修改数据库表结构用(　　)。

A. UPDATE　　B. CREATE　　C. UPDATED　　D. ALTER

2. 使用 CREATE TABLE 语句的(　　)子句,在创建基本表时可以启用全文本搜索。

A. FULLTEXT　　B. ENGINE　　C. FROM　　D. WHRER

3. 能够删除一列的语句是(　　)。

A. alter table emp remove addcolumn

B. alter table emp drop column addcolumn

C. alter table emp delete column addcolumn

D. alter table emp delete addcolumn

4. 若要删除数据库中已经存在的表 S,可用(　　)。

A. DELETE TABLE S　　B. DELETE S

C. DROP S　　D. DROP TABLES

5. 属于 DDL 操作的是(　　)。

A. update　　B. create　　C. insert　　D. delete

6. 如何查看数据库?

7. 如何创建数据库?

8. 如何把原来的数据表重命名?

9. 如何删除数据表?

第 5 章　数据插入、更新与删除

数据库通过插入、更新和删除等方式来改变表中的记录。插入数据是向表中插入新的记录,通过 INSERT 语句来实现。更新数据是改变表中已经存在的数据,使用 UPDATE 语句来实现。删除数据是删除表中不再使用的数据,通过 DELETE 语句来实现。

学习目标

- 熟练掌握 INSERT 语法
- 熟练掌握 UPDATE 语法
- 熟练掌握 DELETE 语法
- 能够使用命令方式实现数据插入操作
- 能够使用命令方式实现数据修改操作
- 能够使用命令方式实现数据删除操作

5.1　数据插入

数据库与表创建成功以后,需要向数据库的表中插入数据。在 MySQL 中可以使用 INSERT 语句向数据库已有的表中插入一行或者多行元组数据。

5.1.1　常用插入语句

INSERT…VALUES 语句是 MySQL 中最常用的数据插入语法,其语法格式如下:

```
INSERT INTO <表名> [ <列名 1> [ ,… <列名 n>] ]
VALUES(值 1)[… ,(值 n)];
```

语法说明:

<表名>:指定被操作的表名。

<列名>:指定需要插入数据的列名。若向表中的所有列插入数据,则全部的列名均可以省略,直接采用 INSERT <表名> VALUES(…)即可。

VALUES 或 VALUE 子句:该子句包含要插入的数据清单。数据清单中的数据顺序要

和列的顺序相对应。

搭建数据插入环境，首先创建数据库或者切换到之前的数据库，创建图书信息表（Book_info），然后插入表5.1的数据。

表5.1 图书信息表(book_info)

id	Book_name	Author	Price	Account	Remake
10001	小桔灯	冰心	17.70	16	4
10002	西游记	吴承恩	56.00	14	4
10003	三国演义	罗贯中	39.50	16	4
10004	万物森林	冯骥才	58.50	10	4
10005	把日子过得有趣	老舍	16.8	16	4
10006	药窗诗话	吴藕汀	55.00	14	4
10007	心安即是归处	季羡林	49.00	16	4
10008	深蓝的故事	深蓝	42.00	10	4
10009	平凡的世界	路遥	49.50	16	4
10010	疾病如何改变我们的历史	于赓哲	58.00	10	4
10011	符号里的中国	赵运涛	62.40	10	4
10012	发现三星堆	段渝著	68.00	16	4

【例5.1】向book_info表中插入一行完整数据。SQL代码如下：

```
mysql > INSERT INTO book_info VALUES
(10001,'小桔灯','冰心',17.70,16,4);
Query OK, 1 row affected(0.00 sec)
```

说明：book_info表在第4章已经创建过，如果没有该表，需要按照表4.8创建。

【例5.2】向book_info表中插入行的一部分数据。SQL代码如下：

```
mysql > INSERT INTO book_info(Id,Book_name,Author,Price,Account)
VALUES(10002,'西游记','吴承恩',56.00,14,4);
Query OK, 1 row affected(0.00 sec)
```

从结果可以看出，book_info表中成功插入了行的一部分数据。

【例5.3】向book_info表中插入多行数据。SQL代码如下：

```
mysql > INSERT INTO book_info
    VALUES(10003,'三国演义','罗贯中',39.50,16,4),
```

```
            (10004,'万物森林','冯骥才',58.50,10,4),
            (10005,'把日子过得有趣','老舍',16.80,16,4),
            (10006,'药窗诗话','吴藕汀',55.00,14,4),
            (10007,'心安即是归处','季羡林',49.00,16,4),
            (10008,'深蓝的故事','深蓝',42.00,10,4),
            (10009,'平凡的世界','路遥',49.50,16,4),
            (10010,'疾病如何改变我们的历史','于赓哲',58.00,10,4),
            (10011,'符号里的中国','赵运涛',62.40,10,4),
            (10012,'发现三星堆','段渝著',68.00,16,4);
Query OK,10 rows affected (0.01 sec)
Records:10  Duplicates: 0  Warnings: 0
```

例5.1、例5.2 都是单条数据插入,例5.3 是批量插入数据。批量插入数据时,每条数据要用“,”隔开。可以使用 select * from book_info(第6章详细讲解数据查询),查询结果如下:

```
mysql > select * from book_info;
+------+----------------------+--------+------+-------+-------+
| Id   | Book_name            | Author | Price| Account| Remake |
+------+----------------------+--------+------+-------+-------+
| 10001 | 小桔灯               | 冰心    | 17.70|  16   |   4   |
| 10002 | 西游记               | 吴承恩  | 56.00|  14   |   4   |
| 10003 | 三国演义             | 罗贯中  | 39.50|  16   |   4   |
| 10004 | 万物森林             | 冯骥才  | 58.50|  10   |   4   |
| 10005 | 把日子过得有趣       | 老舍    | 16.8 |  16   |   4   |
| 10006 | 药窗诗话             | 吴藕汀  | 55.00|  14   |   4   |
| 10007 | 心安即是归处         | 季羡林  | 49.00|  16   |   4   |
| 10008 | 深蓝的故事           | 深蓝    | 42.00|  10   |   4   |
| 10009 | 平凡的世界           | 路遥    | 49.50|  16   |   4   |
| 10010 | 疾病如何改变我们的历史 | 于赓哲 | 58.00|  10   |   4   |
| 10011 | 符号里的中国         | 赵运涛  | 62.40|  10   |   4   |
| 10012 | 发现三星堆           | 段渝著  | 68.00|  16   |   3   |
+------+----------------------+--------+------+-------+-------+
12 rows in set (0.12 sec)
```

5.1.2 其他插入语句

在 MySQL 中,插入语句除了常用的 INSERT…VALUES 外,可以使用以下两种语句:

1)INSERT…SET 语句

```
INSERT…SET 语句具体语法格式如下:
INSERT INTO <表名>
SET <列名1> = <值1>,
    <列名2> = <值2>,
    …
```

此语句用于直接给表中的某些列指定对应的列值,即要插入的数据的列名在 SET 子句中指定,等号后面为指定的数据,而对于未指定的列,列值会指定为该列的默认值。

【例 5.4】向 book_info 表中插入数据。SQL 代码如下:

```
mysql>  INSERT INTO book_info SET Id = 10006,
                                  Book_name = "素食者",
                                  Author = "韩江",
                                  Price = 48.00,
                                  Account = 10;
Query OK, 1 row affected(0.00 sec)
```

2)INSERT INTO…SELECT…FROM 语句

INSERT INTO…SELECT…FROM 语句用于快速地从一个或多个表中取出数据,并将这些数据作为行数据插入另一个表中。其语法格式如下:

```
INSERT INTO <表名>
SELECT <字段1>,<字段2>,<字段3>
FROM <表名>
```

SELECT 子句返回的是一个查询到的结果集,INSERT 语句将这个结果集插入指定表中,结果集中的每行数据的字段数、字段的数据类型都必须与被操作的表完全一致。

5.2 更新数据

在 MySQL 中,可以使用 UPDATE 语句来修改、更新一个或多个表的数据。

5.2.1 更新单表数据

使用 UPDATE 语句修改单个表,语法格式为:

```
UPDATE <表名> SET 字段1=值1[,字段2=值2…][WHERE 子句]
    [ORDER BY 子句][LIMIT 子句]
```

语法说明:

表名:用于指定要更新的表名称。

SET 子句:用于指定表中要修改的列名及其列值。其中,每个指定的列值可以是表达式,也可以是该列对应的默认值。如果指定的是默认值,可用关键字 DEFAULT 表示列值。

WHERE 子句:可选项,用于限定表中要修改的行。若不指定,则修改表中所有的行。

ORDER BY 子句:可选项,用于限定表中的行被修改的次序。

LIMIT 子句:可选项,用于限定被修改的行数。

修改一行数据的多个列值时,SET 子句的每个值用逗号分开即可。

【例5.5】在 book_info 表中,更新所有行的 Remake 字段值为 4,并查看结果。SQL 代码如下:

```
mysql >  UPDATE book_info
      SET Remake = 4;
      SELECT * FROM book_info;
Query OK, 6 rows affected (0.00 sec)
Rows matched: 6  Changed: 6  Warnings: 0
mysql > select * from book_info;
+-------+--------------------+--------+------+--------+-------+
| Id    | Book_name          | Author | Price | Account | Remake |
+-------+--------------------+--------+------+--------+-------+
| 10001 | 小桔灯             | 冰心   | 17.70 | 16 | 4 |
| 10002 | 西游记             | 吴承恩 | 56.00 | 14 | 4 |
| 10003 | 三国演义           | 罗贯中 | 39.50 | 16 | 4 |
| 10004 | 万物森林           | 冯骥才 | 58.50 | 10 | 4 |
| 10005 | 把日子过得有趣     | 老舍   | 16.8  | 16 | 4 |
| 10006 | 药窗诗话           | 吴藕汀 | 55.00 | 14 | 4 |
```

```
| 10007 | 心安即是归处             | 季羡林   | 49.00 |   16    |   4    |
| 10008 | 深蓝的故事               | 深蓝     | 42.00 |   10    |   4    |
| 10009 | 平凡的世界               | 路遥     | 49.50 |   16    |   4    |
| 10010 | 疾病如何改变我们的历史   | 于赓哲   | 58.00 |   10    |   4    |
| 10011 | 符号里的中国             | 赵运涛   | 62.40 |   10    |   4    |
| 10012 | 发现三星堆               | 段渝著   | 68.00 |   16    |   4    |
+-------+--------------------------+----------+-------+---------+--------+
12 rows in set (0.12 sec)
```

【例5.6】在 book_info 表中,更新 Id 为 10006 的行的 Price 字段值为 55.00,并查看结果。SQL 代码如下:

```
mysql > UPDATE book_info
        SET Price = 50.00
        WHERE Id = 10006;
        SELECT * FROM book_info;
Query OK, 1 row affected (0.00 sec)
Rows matched: 1  Changed: 1  Warnings: 0
mysql > select * from book_info;
+-------+--------------------------+----------+-------+---------+--------+
| Id    | Book_name                | Author   | Price | Account | Remake |
+-------+--------------------------+----------+-------+---------+--------+
| 10001 | 小桔灯                   | 冰心     | 17.70 |   16    |   4    |
| 10002 | 西游记                   | 吴承恩   | 56.00 |   14    |   4    |
| 10003 | 三国演义                 | 罗贯中   | 39.50 |   16    |   4    |
| 10004 | 万物森林                 | 冯骥才   | 58.50 |   10    |   4    |
| 10005 | 把日子过得有趣           | 老舍     | 16.8  |   16    |   4    |
| 10006 | 药窗诗话                 | 吴藕汀   | 50.00 |   14    |   4    |
| 10007 | 心安即是归处             | 季羡林   | 49.00 |   16    |   4    |
| 10008 | 深蓝的故事               | 深蓝     | 42.00 |   10    |   4    |
| 10009 | 平凡的世界               | 路遥     | 49.50 |   16    |   4    |
| 10010 | 疾病如何改变我们的历史   | 于赓哲   | 58.00 |   10    |   4    |
| 10011 | 符号里的中国             | 赵运涛   | 62.40 |   10    |   4    |
| 10012 | 发现三星堆               | 段渝著   | 68.00 |   16    |   4    |
+-------+--------------------------+----------+-------+---------+--------+
12 rows in set (0.12 sec)
```

5.2.2 更新多个表的数据

使用 UPDATE 语句修改多个表,语法格式为:

UPDATE <表名1>,<表名2>,… SET 字段1 = 值1 [,字段2 = 值2…],…
[WHERE 子句]
[ORDER BY 子句] [LIMIT 子句]

语法说明:

表名:用于指定要更新的表名称。

SET 子句:用于指定表中要修改的列名及其列值。其中,每个指定的列值可以是表达式,也可以是该列对应的默认值。如果指定的是默认值,可用关键字 DEFAULT 表示列值。

WHERE 子句:可选项,用于限定表中要修改的行。若不指定,则修改表中所有的行。

ORDER BY 子句:可选项,用于限定表中的行被修改的次序。

LIMIT 子句:可选项,用于限定被修改的行数。

修改一行数据的多个列值时,SET 子句的每个值用逗号分开即可。

【例5.7】复制一个 book_info 表,同时更新两个 book_info 表中 Remake 的字段值为 8。

```
mysql >   UPDATE book_info as bi,book_info_copy1 as bb
            SET  bb.Remake = 8,
                 bi.Remake = 8;
            SELECT * FROM book_info;
            SELECT * FROM book_info_copy1;
Query OK, 24 rows affected (0.01 sec)
Rows matched: 24  Changed: 24  Warnings: 0
mysql >select * from book_info;
+------+--------------------+--------+-----+-------+-------+
| Id    | Book_name          | Author  | Price | Account | Remake |
+------+--------------------+--------+-----+-------+-------+
| 10001 | 小桔灯              | 冰心    | 17.70 | 16    |   4   |
| 10002 | 西游记              | 吴承恩  | 56.00 | 14    |   4   |
| 10003 | 三国演义            | 罗贯中  | 39.50 | 16    |   4   |
| 10004 | 万物森林            | 冯骥才  | 58.50 | 10    |   4   |
```

```
| 10005 | 把日子过得有趣          | 老舍   | 16.8  | 16      | 4      |
| 10006 | 药窗诗话                | 吴藕汀 | 50.00 | 14      | 4      |
| 10007 | 心安即是归处            | 季羡林 | 49.00 | 16      | 4      |
| 10008 | 深蓝的故事              | 深蓝   | 42.00 | 10      | 4      |
| 10009 | 平凡的世界              | 路遥   | 49.50 | 16      | 4      |
| 10010 | 疾病如何改变我们的历史  | 于赓哲 | 58.00 | 10      | 4      |
| 10011 | 符号里的中国            | 赵运涛 | 62.40 | 10      | 4      |
| 10012 | 发现三星堆              | 段渝著 | 68.00 | 16      | 4      |
+-------+-------------------------+--------+-------+---------+--------+
12 rows in set (0.12 sec)
mysql>select * from book_info_copy1;
+-------+-------------------------+--------+-------+---------+--------+
| Id    | Book_name               | Author | Price | Account | Remake |
+-------+-------------------------+--------+-------+---------+--------+
| 10001 | 小桔灯                  | 冰心   | 17.70 | 16      | 4      |
| 10002 | 西游记                  | 吴承恩 | 56.00 | 14      | 4      |
| 10003 | 三国演义                | 罗贯中 | 39.50 | 16      | 4      |
| 10004 | 万物森林                | 冯骥才 | 58.50 | 10      | 4      |
| 10005 | 把日子过得有趣          | 老舍   | 16.8  | 16      | 4      |
| 10006 | 药窗诗话                | 吴藕汀 | 50.00 | 14      | 4      |
| 10007 | 心安即是归处            | 季羡林 | 49.00 | 16      | 4      |
| 10008 | 深蓝的故事              | 深蓝   | 42.00 | 10      | 4      |
| 10009 | 平凡的世界              | 路遥   | 49.50 | 16      | 4      |
| 10010 | 疾病如何改变我们的历史  | 于赓哲 | 58.00 | 10      | 4      |
| 10011 | 符号里的中国            | 赵运涛 | 62.40 | 10      | 4      |
| 10012 | 发现三星堆              | 段渝著 | 68.00 | 16      | 4      |
+-------+-------------------------+--------+-------+---------+--------+
12 rows in set (0.12 sec)
```

5.3 删除数据

在 MySQL 中有两种方法可以删除数据,一种是 DELETE 语句,另一种是 TRUNCATE TABLE 语句。DELETE 语句可以通过 WHERE 对要删除的记录进行选择。TRUNCATE TABLE 则可删除表中的所有记录。

5.3.1 DELETE 语句

使用 DELETE 语句删除单表数据,语法格式为:

```
DELETE FROM <表名> [WHERE 子句] [ORDER BY 子句] [LIMIT 子句]
```

语法说明:

表名:指定要删除数据的表名。

ORDER BY 子句:可选项,表示删除时,表中各行将按照子句中指定的顺序进行删除。

WHERE 子句:可选项,表示为删除操作限定删除条件,若省略该子句,则代表删除该表中的所有行。

LIMIT 子句:可选项,用于告知服务器在控制命令被返回到客户端前被删除行的最大值。

在不使用 WHERE 条件的时候,将删除所有数据。

【例 5.8】删除 book_info_copy1 表中所有数据。SQL 代码如下:

```
mysql > DELETE FROM book_info_copy1;
Query OK, 6 rows affected(0.00 sec)
```

使用 DELETE 语句删除多表数据,语法格式为:

```
DELETE <表名1>,<表名2>,… FROM <表名1>,<表名2>,… [WHERE 子句] [ORDER BY 子句] [LIMIT 子句]
```

此处没有举例说明,读者可以先创建两个表插入数据,根据以上的语法格式进行多表数据删除操作。

5.3.2 TRUNCATE TABLE 语句

使用 TRUNCATE TABLE 语句删除单表数据,语法格式为:

```
TRUNCATE TABLE <表名>
```

语法说明：

表名：要截断的表的名称或要删除其全部行的表的名称。

【例 5.9】清除 book_bak 表中数据。SQL 代码如下：

```
TRUNCATE TABLE book_bak;
```

5.3.3 DELETE 与 TRUNCATE 的区别

①DELETE 语句执行删除的过程是每次从表中删除一行，并且同时将该行的删除操作作为事务记录在日志中保存以便进行回滚操作。TRUNCATE TABLE 则一次性地从表中删除所有的数据且不把单独的删除操作记录记入日志保存，删除行是不能恢复的，并在删除的过程中不会激活与表有关的删除触发器，执行速度快。

②当表被 TRUNCATE 删除后，这个表和索引所占用的空间会恢复到初始大小，DELETE 操作不会减少表或索引所占用的空间。

③TRUNCATE 只能对 TABLE 进行操作，DELETE 可以对 table 和 view 进行操作。

④TRUNCATE TABLE 删除表中的所有行，但表结构及其列、约束、索引等保持不变。新行标识所用的计数值重置为该列的种子。如果想保留标识计数值，请改用 DELETE。

⑤TRUNCATE TABLE 在功能上与不带 WHERE 子句的 DELETE 语句相同：二者均删除表中的全部行。但 TRUNCATE TABLE 比 DELETE 速度快，且使用的系统和事务日志资源少。

⑥DELETE 语句每次删除一行，并在事务日志中记录所删除的每行。TRUNCATE TABLE 通过释放存储表数据所用的数据页来删除数据，并且只在事务日志中记录页的释放。

5.4 综合案例——图书管理系统

①向借阅信息表中插入表 5.2 的数据。

表 5.2 借阅信息表

Id	Book_id	User_id	Borrow_time	Appoint_time	Create_time	Remark
7	10003	1005	2021-11-15	2021-11-14	2021-11-15 14:24:09	NULL

```
mysql >  INSERT INTO BOOK_OR_INFO
VALUES(7,10003,1005,'2021-11-15','2021-11-14','2021-11-15 14:24:09',NULL);
Query OK, 1 row affected(0.01 sec)
```

②向借阅信息表中批量插入表 5.3 的数据。

表 5.3　借阅信息表

Id	Book_id	User_id	Borrow_time	Appoint_time	Create_time	Remark
8	10002	1006	2021-11-15	2021-11-14	2021-11-15 14:24:09	NULL
9	10001	1010	2021-11-01	2021-11-15	2021-11-01 14:24:09	NULL
10	10004	1009	2021-10-19	2021-11-01	2021-10-19 14:24:09	外借

```
mysql > INSERT INTO BOOK_OR_INFO
VALUES (8,10003,1006,'2021-11-15','2021-11-14','2021-11-15 14:24:09',NULL),
        (9,10001,1010,'2021-11-01','2021-11-15','2021-11-01 14:24:09',NULL),
        (10,10004,1009,'2021-10-19','2021-11-01','2021-10-19 14:24:09','外借');
Query OK, 3 rows affected(0.00 sec)
Records:3   Duplicates:0   Warnings:0
```

③更新借阅数据表,将 Remark 为 NULL 的内容全部改为未知。

```
UPDATE BOOK_OR_INFO SET Remark = '未知' WHERE Remark IS NULL;
```

④更新借阅 Id 为'8'的信息,将创建时间改为当前。

```
UPDATE BOOK_OR_INFO SET Create_time = NOW() WHERE Id = 8;
```

⑤备份新表 BOOK_OR_INFO_COPY,并删除表中前两行数据。

```
# 备份
CREATE TABLE BOOK_OR_INFO_COPY SELECT * FROM BOOK_OR_INFO;
# 删除
DELETE FROM BOOK_OR_INFO_COPY LIMIT 2;
```

5.5　实训项目——生产管理系统

5.5.1　实训目的

①掌握插入数据的方法。

②掌握更新数据的方法。

③掌握删除数据的方法。

5.5.2 案例操作过程

①向产品分类表中插入表5.4的数据。

表5.4 产品分类表

category_name	category_level	sort	serial_no	remark
食材	1	2	1001	NULL

```
mysql > INSERT INTO    product_category
            ('category_name','category_level','sort','serial_no','remark')
            VALUES('食材',1,2,'1001',NULL);
Query OK, 1 row affected (0.01 sec)
```

②向产品分类表中插入表5.5的数据。

表5.5 产品分类表

category_name	category_level	sort	serial_no	remark
酒水	1	1	1002	NULL
电子	2	1	1003	无
办公	2	1	1004	办公用品

```
mysql > INSERT INTO    product_category
            ('category_name','category_level','sort','serial_no','remark')
        VALUES('酒水',1,1,'1002',NULL),
              ('电子',2,1,'1003','无'),
              ('办公',2,1,'1004','办公用品');
Query OK, 3 rows affected (0.00 sec)
Records: 3  Duplicates: 0  Warnings: 0
```

③更新产品分类表中数据,将category_name字段值为"电子"的行的category_level字段值更新为3。

```
mysql > update product_category
        set category_level = 3
        where category_name = '电子';
```

```
Query OK, 1 row affected (0.01 sec)
Rows matched: 1  Changed: 1  Warnings: 0
```

④删除产品分类表中 remark 字段值为 NULL 的所有数据。

```
mysql > DELETE FROM  product_category WHERE remark = 'NULL';
Query OK, 0 rows affected (0.00 sec)
```

注：使用第 4 章生产管理系统数据库和产品分类表结构。

本章小结

插入数据，除了常用的 INSERT…VALUES 语句外，还有 INSERT…SET 语句和 INSERT INTO…SELECT…FROM 语句。

更新数据的 UPDATE 语句可以更新单表和多表数据。

删除数据可以使用 DELETE 语句和 TRUNCATE TABLE 语句。

课后习题

数据表准备：定义 FOOD 结构表，见表 5.6。

表 5.6　FOOD 结构表

字段名	字段描述	数据类型	主键	外键	非空	唯一	自增
Id	编号	INT(10)	是	否	是	是	是
Name	食品公司	VARCHAR(20)	否	否	是	否	否
Company	生产厂商	VARCHAR(30)	否	否	是	否	否
Price	价格(单位:圆)	FLOAT	否	否	否	否	否
Produce_time	生产年份	YEAR	否	否	否	否	否
Validity_time	保质期(单位:年)	INT(4)	否	否	否	否	否
Address	厂址	VARCAHR(50)	否	否	否	否	否

1. 将表 5.7 中的记录插入到 FOOD 数据表中。

表 5.7 FOOD 数据表

Id	Name	Company	Price	Produce_time	Validity_time	address
1	AA 饼干	AA 饼干厂	2.5	2008	3	北京
2	CC 牛奶	CC 牛奶厂	3.5	2009	1	河北
3	EE 果冻	EE 果冻厂	1.5	2007	2	北京
4	FF 咖啡	FF 咖啡厂	20	2002	5	天津
5	GG 奶糖	GG 奶糖厂	14	2003	3	广东

2. 将"CC 牛奶厂"的厂址(address)改为"内蒙古",并且将价格改为 3.2。

3. 厂址在北京的公司,将其食品保质期(validity_time)都改为 5 年。

4. 删除过期食品的记录。当前年份-生产年份(produce_time) > 保质期(validity_time),则视为过期食品。

5. 对厂址为北京的公司,删除其食品记录。

第 6 章　数据查询

数据查询是使用数据查询语言(DQL)从一个或多个表中查询所需的数据,查询结果会通过客户端反馈给用户。查询结果是存储在内存中的虚拟结果集,并不是真实存在的表。当用户执行其他命令时,内存中的虚拟结果集就会被释放,想要再次查看就需要再次执行查询命令,所以查询不会修改数据库表中的记录。

学习目标

- 熟练掌握 SELECT 基础语法
- 熟练使用单表查询
- 掌握创建集合函数查询
- 掌握多表查询的语法
- 能熟练使用 SELECT 语句进行数据的排序、分类统计等操作

6.1　单表查询

使用数据库和表的主要目的是存储数据以便在需要时进行检索、统计或组织输出,通过 SQL 语句的查询可以从表或视图中迅速方便地检索数据。

首先创建数据库 db_info,执行代码如下:

```
mysql > Create database db_info;
Query OK, 1 row affected(0.00 sec)
```

当创建数据库时,该数据库如已经存在,可以直接使用该数据库,执行代码如下:

```
mysql > use db_info;
Database changed
```

创建表 USER_INFO,如表 6.1 所示。

表 6.1　用户信息表(USER_INFO)

Id	User_name	Birth_date	Id_card	Dept_id	Role_id
1001	张凯	2001/10/2	500101200110025000	12	3
1002	张三	2000/8/27	500101200008271000	12	3
1003	李小兵	2000/4/3	500101200004032000	11	3
1004	张莉	2001/2/7	500101200102074000	10	3
1005	李华	1987/6/16	500101198706163000	9	1
1006	林洪	2002/1/23	500101200201235000	11	3
1007	李大强	1978/9/18	500101197809182000	9	2
1008	谢为民	2000/3/9	500101200003097000	10	3
1009	王大伟	2001/5/17	500101200105172000	10	3
1010	李华宗	2002/1/5	500101200201055000	12	3

创建用户信息表,执行代码如下:

```
mysql > CREATE TABLE USER_INFO(
          Id int NOT NULL,
          User_name varchar(50)NOT NULL,
          Birth_date date NOT NULL,
          Id_card varchar(50)NOT NULL,
          Dept_id int NOT NULL,
          Role_id int NOT NULL,
          PRIMARY KEY(Id)
     );
Query OK, 0 rows affected(0.05 sec)
```

执行成功后,使用 show tables 检查 USER_INFO 表是否创建成功,执行代码如下:

```
mysql > show tables;
+------------------+
| Tables_in_db_info |
+------------------+
| user_info        |
+------------------+
```

```
1 row in set(0.07 sec)
```

字段解释:

Id:主键,使用 INT 类型的数值来代表主键。

User_name:用户姓名。

Birth_date:用户出生日期,格式为 YYYY-MM-DD。

Id_card:用户身份证号。

Dept_id:部门编号,后续多表查询中连接条件。

Role_id:角色编号,后续多表查询中连接条件。

为了演示如何使用 SELECT 语句,需要插入如下数据:

添加数据:

```
mysql > INSERT INTO 'USER_INFO' VALUES(1001, '张凯', '2001-10-02',
        '500101200110025626', 12, 3);
        INSERT INTO 'USER_INFO' VALUES(1002, '张三', '2000-08-27',
        '500101200008271410', 12, 3);
        INSERT INTO 'USER_INFO' VALUES(1003, '李小兵', '2000-04-03',
        '500101200004032113', 11, 3);
        INSERT INTO 'USER_INFO' VALUES(1004, '张莉', '2001-02-07',
        '500101200102074325', 10, 3);
        INSERT INTO 'USER_INFO' VALUES(1005, '李华', '1987-06-16',
        '500101198706163212', 9, 1);
        INSERT INTO 'USER_INFO' VALUES(1006, '林洪', '2002-01-23',
        '500101200201235318', 11, 3);
        INSERT INTO 'USER_INFO' VALUES(1007, '李大强', '1978-09-18',
        '500101197809182514', 9, 2);
        INSERT INTO 'USER_INFO' VALUES(1008, '谢为民', '2000-03-09',
        '500101200003097422', 10, 3);
        INSERT INTO 'USER_INFO' VALUES(1009, '王大伟', '2001-05-17',
        '500101200105172620', 10, 3);
        INSERT INTO 'USER_INFO' VALUES(1010, '李华宗', '2002-01-05',
        '500101200201055728', 12, 3);
Query OK, 1 row affected(0.02 sec)
```

插入数据时,可以使用前面章节所学的知识进行单条数据插入或批量插入数据的方法,上面采用的是单条数据插入。

6.1.1 SELECT 语法格式

SELECT 语句可以从一个或多个表中根据用户的需求从数据库中查询匹配的内容,其查询结果通常情况下是一张临时表。

SELECT 语法格式如下:

```
SELECT [ALL | DISTINCT]  输出列表达式,...
{*|table.*|[table.field1[as alias1][,table.field2[as alias2]]]}
[FROM  table_name [ as table_alias]]                    /*FROM 子句*/
[WHERE...]                                              /*WHERE 子句*/
[GROUP BY...[ASC | DESC]]                               /*GROUP BY 子句*/
[HAVING...]                                             /*HAVING 子句*/
[ORDER BY...[ASC | DESC]]                               /*ORDER BY 子句*/
[LIMIT {[偏移量,] 行数|行数 OFFSET 偏移量}]              /*LIMIT 子句*/
```

语法说明:

SELECT 子句:指定由查询返回的列。

FROM 子句:用于指定引用的列所在的表或视图。

WHERE 子句:用于指定结果需满足的条件。

GROUP BY 子句:用于指定结果按照哪几个字段来分组。

HAVING 子句:用于指定过滤分组或聚合的记录必须满足的次要条件。

ORDER BY 子句:用于指定查询记录按一个或者多个条件排序。

LIMIT 子句:用于指定查询的记录从哪条至哪条,默认偏移量为 0。

* :代替所有字段,select 语句会返回表的所有字段数据;

[ ] :表示可选的。

{} :代表必须的。

/*…*/:该处为注释。

注意:所有子句在被使用过程中必须按照上述说明的顺序严格排序。例如 HAVING 子句必须位于 GROUP BY 子句之后,ORDER BY 子句必须位于 LIMIT 子句之前。

6.1.2 查询所有字段

使用 SELECT 语句选择表中的所有列,语法格式如下:

```
SELECT 所有字段列表 FROM 表名;
SELECT * FROM 表名;
```

【例 6.1】查询用户信息表所有信息。

```
mysql > select * from user_info;
+------+----------+----------+------------------+-------+-------+
| Id   | User_name | Birth_date | Id_card             | Dept_id | Role_id |
+------+----------+----------+------------------+-------+-------+
| 1001 | 张凯     | 2001-10-02 | 500101200110025626 |  12  |  3  |
| 1002 | 张三     | 2000-08-27 | 500101200008271410 |  12  |  3  |
| 1003 | 李小兵   | 2000-04-03 | 500101200004032113 |  11  |  3  |
| 1004 | 张莉     | 2001-02-07 | 500101200102074325 |  10  |  3  |
| 1005 | 李华     | 1987-06-16 | 500101198706163212 |   9  |  1  |
| 1006 | 林洪     | 2002-01-23 | 500101200201235318 |  11  |  3  |
| 1007 | 李大强   | 1978-09-18 | 500101197809182514 |   9  |  2  |
| 1008 | 谢为民   | 2000-03-09 | 500101200003097422 |  10  |  3  |
| 1009 | 王大伟   | 2001-05-17 | 500101200105172620 |  10  |  3  |
| 1010 | 李华宗   | 2002-01-05 | 500101200201055728 |  12  |  3  |
+------+----------+----------+------------------+-------+-------+
10 rows in set (0.09 sec)
```

6.1.3 查询指定字段

如要查询表中的一列或多列,只要在 SELECT 后面指定要查询的列名即可,多列之间用“,”分割。语法格式如下:

```
SELECT 字段列表 FROM 表名;
```

【例 6.2】查询用户信息表中 User_name 和 Birth_data 字段的记录。

```
mysql > select User_name,Birth_date from user_info;
+-----------+------------+
User_name   Birth_date |
+-----------+------------+
| 张凯       | 2001-10-02 |
| 张三       | 2000-08-27 |
| 李小兵     | 2000-04-03 |
| 张莉       | 2001-02-07 |
| 李华       | 1987-06-16 |
| 林洪       | 2002-01-23 |
| 李大强     | 1978-09-18 |
| 谢为民     | 2000-03-09 |
| 王大伟     | 2001-05-17 |
| 李华宗     | 2002-01-05 |
+-----------+------------+
10 rows in set(0.07 sec)
```

6.1.4 WHERE 子句

WHERE 子句必须紧跟 FROM 子句之后。在 WHERE 子句中,可以指定任何条件。WHERE 子句类似于程序语言中的 if 条件,根据 MySQL 表中的字段值来读取指定的数据。如果给定的条件在表中没有任何匹配的记录,那么查询不会返回任何数据。

语法格式:

```
SELECT 字段列表 FROM  表名 WHERE 条件表达式;
```

WHERE 子句会根据条件对 FROM 子句中间结果中的行逐一进行判断,当条件为 TRUE 时,将会返回中间结果。WHERE 子句中的条件表达式可以使用算术运算、比较运算、逻辑运算、模糊匹配、指定范围和子查询。

1)算术运算

算术运算用于计算两个表达式值。MySQL 支持的算术运算如表 6.2 所示。

表 6.2　算术运算符

运算符	说明	实例
+	加号,检查两个值相加然后跟指定值进行比较	A + B = 13
-	减号,检查两个值相减然后跟指定值进行比较	A - B > 3
*	乘号,检查两个值相乘然后跟指定值进行比较	A * B < 67
/	除号,检查两个值相除然后跟指定值进行比较	A/B = 2

【例 6.3】查找用户信息表中 ID 为 1001 的用户信息并将 Dept_id-1,返回用户 ID 和 Dept_id 字段信息。

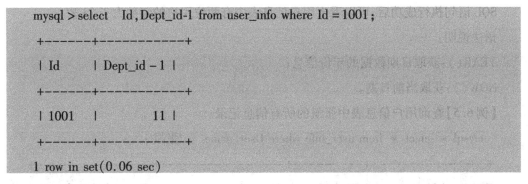

```
mysql > select   Id,Dept_id-1 from user_info where Id = 1001;
+------+-----------+
| Id     | Dept_id - 1 |
+------+-----------+
| 1001   |          11 |
+------+-----------+
1 row in set(0.06 sec)
```

2)比较运算

比较运算用于比较两个表达式值,MySQL 支持的比较运算符如表 6.3 所示。

表 6.3　比较运算符

运算符	说明	实例
<	小于号,检测左边的值是否小于右边的值。如果左边的值小于右边的值,返回 TURE	(A < B)返回 TURE
< =	小于等于号,检测左边的值是否小于或等于右边的值。如果左边的值小于或等于右边的值,返回 TURE	(A < = B)返回 TURE
=	等号,检测两个值是否相等,如果相等返回 TURE	(A = B)返回 FALSE
! =或< >	不等于,检测两个值是否相等,如果不相等返回 TURE	(A ! = B)返回 TURE
> =	大于等于号,检测左边的值是否大于或等于右边的值,如果左边的值大于或等于右边的值返回 TURE	(A > = B)返回 FALSE
>	大于号,检测左边的值是否大于右边的值,如果左边的值大于右边的值返回 TURE	(A > B)返回 FALSE

【例 6.4】查询用户信息表中年龄大于 23 岁的用户信息。

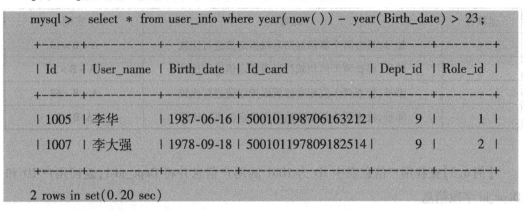

```
mysql >  select * from user_info where year( now( ) ) - year( Birth_date) > 23;
+-----+---------+---------+----------------+------+-------+
| Id  | User_name | Birth_date | Id_card          | Dept_id | Role_id |
+-----+---------+---------+----------------+------+-------+
| 1005 | 李华    | 1987-06-16 | 500101198706163212 |     9 |     1 |
| 1007 | 李大强  | 1978-09-18 | 500101197809182514 |     9 |     2 |
+-----+---------+---------+----------------+------+-------+
2 rows in set(0.20 sec)
```

SQL 语句执行成功后,可以看出用户信息表中有两位用户的年龄大于 23 岁。

语法说明:

YEAR( ):获取日期数据的年份信息;

NOW( ):获取当前日期。

【例 6.5】查询用户信息表中张凯的所有信息记录。

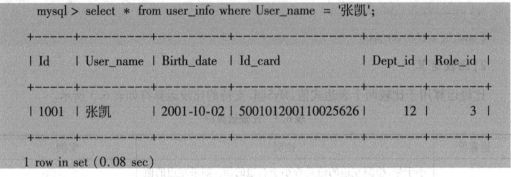

```
mysql > select * from user_info where User_name = '张凯';
+-----+---------+---------+----------------+------+-------+
| Id  | User_name | Birth_date | Id_card          | Dept_id | Role_id |
+-----+---------+---------+----------------+------+-------+
| 1001 | 张凯    | 2001-10-02 | 500101200110025626 |    12 |     3 |
+-----+---------+---------+----------------+------+-------+
1 row in set (0.08 sec)
```

执行成功后,可以看到张凯的全部信息。

3)逻辑运算

逻辑运算可以将多个条件表达式的结果通过逻辑运算符(AND、OR 和 NOT)组成更为复杂的查询条件。MySQL 支持的逻辑运算符如表 6.4 所示。

表 6.4 逻辑运算符

运算符	说明	实例
NOT 或 !	如果 A 是 TURE,那么示例的结果是 FALSE;如果 A 是 FALSE,那么示例的结果是 TURE	NOT A

续表

运算符	说明	实例
OR 或 ||	如果 A 或 B 任一是 TURE,那么示例的结果是 TRUE,否则示例的结果是 FALSE	A OR B
AND 或 &&	如果 A 和 B 都是 TRUE,那么示例的结果是 TRUE,否则示例的结果是 FALSE	A AND B

【例 6.6】查询用户信息表中 Dept_id 为 12 和 Role_id 为 3 的用户信息。

```
mysql > select * from user_info where Dept_id = 12 and Role_id = 3;
+------+----------+------------+--------------------+---------+---------+
| Id   | User_name | Birth_date | Id_card           | Dept_id | Role_id |
+------+----------+------------+--------------------+---------+---------+
| 1001 | 张凯      | 2001-10-02 | 500101200110025626 |      12 |       3 |
| 1002 | 张三      | 2000-08-27 | 500101200008271410 |      12 |       3 |
| 1010 | 李华宗    | 2002-01-05 | 500101200201055728 |      12 |       3 |
+------+----------+------------+--------------------+---------+---------+
3 rows in set (0.08 sec)
```

【例 6.7】查询用户信息表中 Id 为 1001 或者 1002 的用户信息。

```
mysql > select * from USER_INFO where Id = 1001 or Id = 1002;
+------+----------+------------+--------------------+---------+---------+
| Id   | User_name | Birth_date | Id_card           | Dept_id | Role_id |
+------+----------+------------+--------------------+---------+---------+
| 1001 | 张凯      | 2001-10-02 | 500101200110025626 |      12 |       3 |
| 1002 | 张三      | 2000-08-27 | 500101200008271410 |      12 |       3 |
+------+----------+------------+--------------------+---------+---------+
2 rows in set (0.04 sec)
```

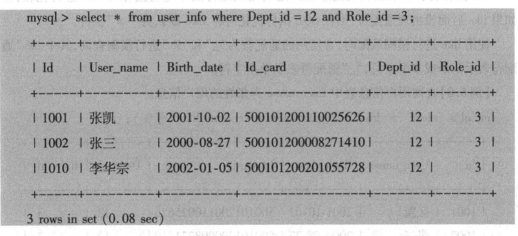

注意:逻辑运算符前后必须有空格与关系表示隔开,否则将出现语法错误。

思考:查询用户信息表中 Id 为 1002 或者 1003 和 Dept_id 为 12 的用户信息。

```
mysql > select * from user_info where id in (1002,1004) and dept_id = 12;
```

```
+------+----------+----------+------------------+--------+--------+
| Id   | User_name | Birth_date | Id_card            | Dept_id | Role_id |
+------+----------+----------+------------------+--------+--------+
| 1002 | 张三      | 2000-08-27 | 500101200008271410 |      12 |       3 |
+------+----------+----------+------------------+--------+--------+
1 row in set (0.00 sec)
```

4)模糊匹配

like 操作符:mysql 后面的搜索模式是利用通配符而不是直接相等匹配进行比较;但如果 like 后面没出现通配符,则在 SQL 执行优化时将 like 默认为“ = ”执行。

使用 like 进行模糊匹配时,常使用的通配符为“_”和“%”进行模糊查询,其中“%”通配符表示 0 个或多个字符,“_”通配符表示单个字符。

【例 6.8】查询用户信息表中 User_name 为张姓的用户信息。

```
mysql > select  * from user_info where user_name like "张%";
+------+----------+----------+------------------+--------+--------+
| Id   | User_name | Birth_date | Id_card            | Dept_id | Role_id |
+------+----------+----------+------------------+--------+--------+
| 1001 | 张凯      | 2001-10-02 | 500101200110025626 |      12 |       3 |
| 1002 | 张三      | 2000-08-27 | 500101200008271410 |      12 |       3 |
| 1004 | 张莉      | 2001-02-07 | 500101200102074325 |      10 |       3 |
+------+----------+----------+------------------+--------+--------+
3 rows in set (0.07 sec)
```

该例中之所以使用“%”,是因为姓张的用户的名字不知道有几个字,用“%”通配符可表示 0 个或多个字符。

注意:字符串“u”和“你”都算是一个字符,在这点上英文字母和中文是没有区别的。

【例 6.9】查询用户信息表中 User_name 字段中第二个字是“大”的用户信息。

```
mysql > select * from user_info where user_name like "_大%";
+------+----------+----------+------------------+--------+--------+
| Id   | User_name | Birth_date | Id_card            | Dept_id | Role_id |
+------+----------+----------+------------------+--------+--------+
| 1007 | 李大强    | 1978-09-18 | 500101197809182514 |       9 |       2 |
| 1009 | 王大伟    | 2001-05-17 | 500101200105172620 |      10 |       3 |
+------+----------+----------+------------------+--------+--------+
```

```
2 rows in set (0.10 sec)
```

5)指定范围

用于指定范围查询的关键字有 BETWEEN 和 IN 两个。

(1)带 BETWEEN(AND)的范围查询

BETWEEN(AND)关键字可以判断某个字段的值是否在指定范围内。如果字段的值在指定范围内,则满足查询条件;如果不在指定的范围内,则不满足查询条件。其语法如下:

```
SELECT * FROM 表名 WHERE 条件[NOT] BETWEEN 值1 AND 值2;
```

语法说明:

NOT:表示可选参数,加上 NOT 表示不在指定范围内满足条件的数据记录;

值 1:表示指定范围的起始值;

值 2:表示指定范围的终止值。

【例 6.10】查询出生日期在 2000-01-01 到 2002-01-01 的用户信息。

```
mysql > SELECT * FROM USER_INFO WHERE Birth_date BETWEEN '2000-01-01'
AND '2002-01-01';
+------+----------+------------+--------------------+---------+---------+
| Id   | User_name | Birth_date | Id_card           | Dept_id | Role_id |
+------+----------+------------+--------------------+---------+---------+
| 1001 | 张凯      | 2001-10-02 | 500101200110025626 |      12 |       3 |
| 1002 | 张三      | 2000-08-27 | 500101200008271410 |      12 |       3 |
| 1003 | 李小兵    | 2000-04-03 | 500101200004032113 |      11 |       3 |
| 1004 | 张莉      | 2001-02-07 | 500101200102074325 |      10 |       3 |
| 1008 | 谢为民    | 2000-03-09 | 500101200003097422 |      10 |       3 |
| 1009 | 王大伟    | 2001-05-17 | 500101200105172620 |      10 |       3 |
+------+----------+------------+--------------------+---------+---------+
6 rows in set (0.08 sec)
```

(2)带 IN 关键字的查询

使用 IN 关键字可以指定一个值表,值表中列出所有可能的值,当与值表中的任一个匹配时,即返回 TRUE,否则返回 FALSE。其语法格式:

```
SELECT * FROM 表名 WHERE 条件[NOT] 表达式 IN(值1[,…n])
```

【例 6.11】查询张凯和李大强的用户信息。

```
mysql > SELECT * FROM USER_INFO WHERE User_name IN('张凯','李大强');
+------+----------+------------+--------------------+---------+---------+
| Id   | User_name | Birth_date | Id_card            | Dept_id | Role_id |
+------+----------+------------+--------------------+---------+---------+
| 1001 | 张凯      | 2001-10-02 | 500101200110025626 |      12 |       3 |
| 1007 | 李大强    | 1978-09-18 | 500101197809182514 |       9 |       2 |
+------+----------+------------+--------------------+---------+---------+
2 rows in set (0.09 sec)
```

语法说明:

NOT:表示可选参数,加上 NOT 表示不在指定范围内满足条件的数据记录。

【例 6.12】查询 Id 不为 1001 和 1006 的用户信息。

```
mysql > SELECT * FROM USER_INFO WHERE Id not IN(1001, 1006);
+------+----------+------------+--------------------+---------+---------+
| Id   | User_name | Birth_date | Id_card            | Dept_id | Role_id |
+------+----------+------------+--------------------+---------+---------+
| 1002 | 张三      | 2000-08-27 | 500101200008271410 |      12 |       3 |
| 1003 | 李小兵    | 2000-04-03 | 500101200004032113 |      11 |       3 |
| 1004 | 张莉      | 2001-02-07 | 500101200102074325 |      10 |       3 |
| 1005 | 李华      | 1987-06-16 | 500101198706163212 |       9 |       1 |
| 1007 | 李大强    | 1978-09-18 | 500101197809182514 |       9 |       2 |
| 1008 | 谢为民    | 2000-03-09 | 500101200003097422 |      10 |       3 |
| 1009 | 王大伟    | 2001-05-17 | 500101200105172620 |      10 |       3 |
| 1010 | 李华宗    | 2002-01-05 | 500101200201055728 |      12 |       3 |
+------+----------+------------+--------------------+---------+---------+
8 rows in set (0.09 sec)
```

6)查询空值

空值不是指为空字符串或者 0,一般表示数据未知或者以后在添加数据时其字段上默认为 NULL。也就是说,如果该字段上不插入任何值,就为 NULL。可使用 IS NULL 关键词,其格式如下:

```
SELECT * FROM 表名 WHERE 表达式 IS[NOT] NULL;
```

当表达式的值为空值,返回 TRUE,否则返回 FALSE。当使用 NOT 时,结果刚好相反。

【例6.13】查找用户信息表中 Id 信息为空的订单记录。

```
mysql > select * from user_info  where id is null;
```

6.1.5　关键字 DISTINCT(查询结果不重复)

表只选择其某些列时,可能会出现重复行。可以使用 DISTINCT 或 DISTINCTROW 关键字消除结果集中的重复行,其语法格式:

```
SELECT DISTINCT 字段列表
```

【例6.14】查询用户信息表中 Dept_id 所有部门信息。

```
mysql > SELECT Dept_id FROM USER_INFO;
+-----------+
| Dept_id |
+-----------+
|    12   |
|    12   |
|    11   |
|    10   |
|     9   |
|    11   |
|     9   |
|    10   |
|    10   |
|    12   |
+-----------+
10 rows in set(0.06 sec)
```

查询所有的 Dept_id,会出现很多重复的值。使用 DISTINCT 就能消除重复的值。

```
mysql > SELECT DISTINCT Dept_id FROM USER_INFO;
+-----------+
| Dept_id |
+-----------+
|    12   |
|    11   |
```

```
|      10  |
|       9  |
+-----------+
4 rows in set(0.03 sec)
```

6.1.6 GROUP BY 子句

GROUP BY 子句主要用于根据字段对行进行分组。所谓的分组,就是将一个“数据集”划分成若干个“小区域”,然后针对若干个“小区域”进行数据处理。例如,根据学生所学的专业课程进行分组,统计每个专业课程的学生人数。

语法格式:

```
[GROUP BY {列名 | 表达式 | 列编号} [ASC | DESC],...]
```

语法说明:

GROUP BY 子句后可以跟列名或表达式;GROUP BY 可以在列的后面指定 ASC(升序)或 DESC(降序);GROUP BY 子句可以对单列或多个列进行分组,也可以根据表达式进行分组,通常和聚合函数一起使用。

【例 6.15】按照部门(Dept_id)分组,查询各部门信息。

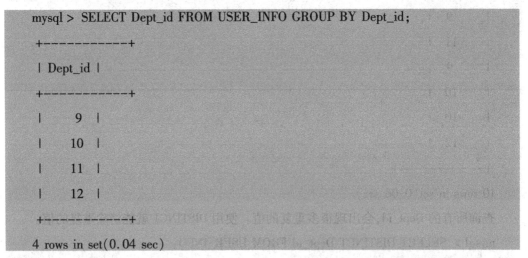

```
mysql > SELECT Dept_id FROM USER_INFO GROUP BY Dept_id;
+-----------+
| Dept_id |
+-----------+
|       9  |
|      10  |
|      11  |
|      12  |
+-----------+
4 rows in set(0.04 sec)
```

将 Dept_id 分组后,就没有重复的值了,因为重复的值被分到一个组中去了,现在可以看到用户信息表中有 4 个部门。

【例 6.16】查询各部门用户信息。

```
mysql > SELECT Dept_id, COUNT(User_name), GROUP_CONCAT(User_name)
FROM USER_INFO GROUP BY Dept_id;
```

```
+----------+-------------------+------------------------+
| Dept_id  | COUNT(User_name)  | GROUP_CONCAT(User_name) |
+----------+-------------------+------------------------+
|     9    |                 2 | 李华,李大强              |
|    10    |                 3 | 张莉,谢为民,王大伟        |
|    11    |                 2 | 李小兵,林洪              |
|    12    |                 3 | 张凯,张三,李华宗          |
+----------+-------------------+------------------------+
4 rows in set (0.06 sec)
```

语法说明：

COUNT()：计数函数，作用就是统计有多少条记录；

GROUP_CONCAT()：将分组中各个字段的值显示出来。

6.1.7　HAVING 子句

HAVING 和 WHERE 都是进行条件过滤的，区别就在于 WHERE 是在分组之前进行过滤，而 HAVING 是在分组之后进行条件过滤。另外，HAVING 子句中的条件可以包含聚合函数，而 WHERE 子句中则不可以。需要注意的是，HAVING 子句必须跟在 GROUP BY 子句后面使用。

【例 6.17】按照部门分组，查询部门人数大于 2 的部门信息

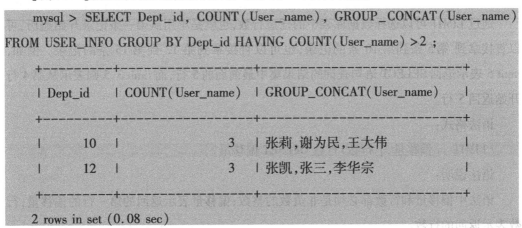

```
mysql > SELECT Dept_id, COUNT(User_name), GROUP_CONCAT(User_name)
FROM USER_INFO GROUP BY Dept_id HAVING COUNT(User_name) >2 ;
+----------+-------------------+------------------------+
| Dept_id  | COUNT(User_name)  | GROUP_CONCAT(User_name) |
+----------+-------------------+------------------------+
|    10    |                 3 | 张莉,谢为民,王大伟        |
|    12    |                 3 | 张凯,张三,李华宗          |
+----------+-------------------+------------------------+
2 rows in set (0.08 sec)
```

6.1.8　ORDER BY 子句

ORDER BY 子句用来对查询的结构进行升序(ASC)和降序(DESC)排序，默认情况下

是升序,所以 ASC 可以省略不写。如果要降序排列,可以使用 DESC 来实现。其语法格式:

```
[ORDER BY {列名 | 表达式 | 列编号} [ASC | DESC] ,…]
```

【例 6.18】查询部门信息,并按照降序排列。

```
mysql > SELECT * FROM USER_INFO GROUP BY Dept_id ORDER BY Dept_id DESC;
+------+----------+------------+--------------------+---------+---------+
| Id   | User_name | Birth_date | Id_card           | Dept_id | Role_id |
+------+----------+------------+--------------------+---------+---------+
| 1001 | 张凯     | 2001-10-02 | 500101200110025626 |      12 |       3 |
| 1003 | 李小兵   | 2000-04-03 | 500101200004032113 |      11 |       3 |
| 1004 | 张莉     | 2001-02-07 | 500101200102074325 |      10 |       3 |
| 1005 | 李华     | 1987-06-16 | 500101198706163212 |       9 |       1 |
+------+----------+------------+--------------------+---------+---------+
4 rows in set (0.07 sec)
```

注意:对含有 NULL 值的列进行排序时,如果是按照升序排列,NULL 值将出现在目录前面,如果是按照降序排列,NULL 值将出现在最后。

6.1.9 LIMIT 子句

通过 LIMIT 可以选择数据库表中的任意行数,也就是不用从第一条记录开始遍历,可以直接拿到 第 5 条到第 10 条的记录,也可以直接拿到第 12 到第 15 条的记录。例如,limit 5 表示返回 SELECT 语句查询的结果集中最前面的 5 行,而 limit 3,5 则表示从第 4 行开始返回 5 行。

语法格式:

```
[LIMIT {[偏移量,] 行数|行数 OFFSET 偏移量}]
```

语法说明:

语法中偏移量和行数都必须是非负数的整数;偏移量表示返回的第一行的偏移量;行数表示返回的行数。

【例 6.19】查询用户信息表中前 4 条用户信息数据。

```
mysql > SELECT * FROM USER_INFO LIMIT 4;
```

```
+------+---------+----------+--------------------+--------+--------+
| Id   | User_name | Birth_date | Id_card          | Dept_id | Role_id |
+------+---------+----------+--------------------+--------+--------+
| 1001 | 张凯    | 2001-10-02 | 500101200110025626 |     12 |       3 |
| 1002 | 张三    | 2000-08-27 | 500101200008271410 |     12 |       3 |
| 1003 | 李小兵  | 2000-04-03 | 500101200004032113 |     11 |       3 |
| 1004 | 张莉    | 2001-02-07 | 500101200102074325 |     10 |       3 |
+------+---------+----------+--------------------+--------+--------+
4 rows in set (0.10 sec)
```

没有写位置偏移量，默认就是 0，也就是从第一条开始，往后取 4 条数据。

【例 6.20】查询第 5 条到第 8 条的用户信息数据。

```
mysql > SELECT * FROM USER_INFO LIMIT 4,4;
+------+---------+----------+--------------------+--------+--------+
| Id   | User_name | Birth_date | Id_card          | Dept_id | Role_id |
+------+---------+----------+--------------------+--------+--------+
| 1005 | 李华    | 1987-06-16 | 500101198706163212 |      9 |       1 |
| 1006 | 林洪    | 2002-01-23 | 500101200201235318 |     11 |       3 |
| 1007 | 李大强  | 1978-09-18 | 500101197809182514 |      9 |       2 |
| 1008 | 谢为民  | 2000-03-09 | 500101200003097422 |     10 |       3 |
+------+---------+----------+--------------------+--------+--------+
4 rows in set (0.08 sec)
```

注意：LIMIT 的第一个参数不写，默认就是 0。也就是说，第一条记录的索引是 0，从 0 开始的，第二个参数的意思是取多少行的记录，需要这两个才能确定一个取记录的范围。

6.2　集合函数

MySQL 有很多内置的函数，当我们需要对表中的记录进行数据统计时，例如对用户进行计数，求所有用户的薪资，还可以统计记录中最大值、最小值、总和、平均值等。MySQL 中，函数经常和 GROUP BY 子句配合使用。需要注意的是，集合函数不能和非分组的列混合使用。

6.2.1 COUNT()函数

COUNT()函数,作用是统计数据表中包含的记录行的总数,或者根据查询结果返回列中包含的数据行数。没有空值的情况下,计算出来的行数和总的记录行数是一样的。

语法格式:

```
COUNT({[ALL|DISTINCT]表达式}|*)
```

语法说明:

COUNT(*):计算表中的总行数,不管某列有数值或者为空值,因为*就是代表查询表中所有的数据行;

COUNT(字段名):计算该字段名下的总行数,计算时会忽略空值的行,也就是 NULL 值的行。

【例 6.21】统计用户信息表有多少条记录。

```
mysql > SELECTCOUNT(*)FROM USER_INFO;
+----------+
| COUNT(*) |
+----------+
|    10    |
+----------+
1 row in set(0.07 sec)
```

【例 6.22】统计用户信息表中每个部门有多少用户。

```
mysql > SELECT Dept_id,COUNT(id)FROM USER_INFO GROUP BY Dept_id;
+-------+---------+
| Dept_id | COUNT(id) |
+-------+---------+
|   9   |    2    |
|  10   |    3    |
|  11   |    2    |
|  12   |    3    |
+-------+---------+
4 rows in set(0.07 sec)
```

6.2.2 SUM()函数和 AVG()函数

SUM()是一个求和函数,返回指定列值的总和。SUM()和 AVG()函数的语法和COUNT()函数的语法相同。

语法格式:

```
SUM /AVG([ ALL | DISTINCT ]表达式)
```

【例 6.23】统计用户的平均年龄。

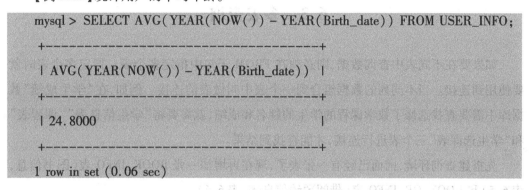

```
mysql > SELECT AVG(YEAR(NOW()) - YEAR(Birth_date)) FROM USER_INFO;
+------------------------------------+
| AVG(YEAR(NOW()) - YEAR(Birth_date)) |
+------------------------------------+
| 24.8000                            |
+------------------------------------+
1 row in set (0.06 sec)
```

6.2.3 MAX()函数和 MIN()函数

MAX()返回指定列中的最大值。MIN()返回指定列中的最小值。

语法格式:

```
MAX/MIN([ ALL | DISTINCT ]表达式)
```

【例 6.24】查询年龄最大的用户。

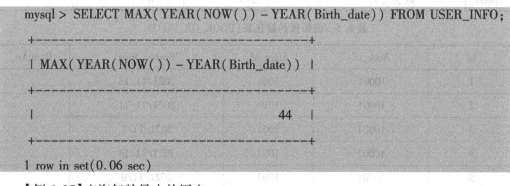

```
mysql > SELECT MAX(YEAR(NOW()) - YEAR(Birth_date)) FROM USER_INFO;
+------------------------------------+
| MAX(YEAR(NOW()) - YEAR(Birth_date)) |
+------------------------------------+
|                                 44 |
+------------------------------------+
1 row in set(0.06 sec)
```

【例 6.25】查询年龄最小的用户。

```
mysql > SELECT MIN(YEAR(NOW()) - YEAR(Birth_date)) FROM USER_INFO;
```

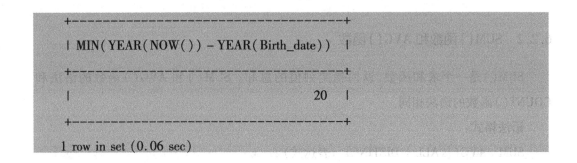

```
+-----------------------------------+
| MIN(YEAR(NOW()) - YEAR(Birth_date)) |
+-----------------------------------+
|                                20 |
+-----------------------------------+
1 row in set (0.06 sec)
```

6.3 多表查询

如果要在不同表中查询数据,则必须在 FROM 子句中指定多个表。指定多个表时就要使用到连接。当不同列的数据组合到一个表中叫做表的连接。例如,在“学生成绩”数据库中需要查找选修了数学课程的学生的姓名和成绩,就需要将“学生信息表”“课程表”和“学生选课表”三个表进行连接,才能查找到结果。

先搭建查询环境,前面已经有一张表了,现在再增加一张 BOOK_INFO 表(图书信息,表 6.5)和 BOOK_OR_INFO 表(借阅预约信息表,表 6.6)。

表 6.5 图书信息表(BOOK_INFO)

Id	Book_name	Author	Price	Account	Remake
10001	MySQL 必知必会	Ben Forta	41	20	
10002	Python 编程 从入门到实践	埃里克·马瑟斯	92	15	
10003	深入理解计算机系统	兰德尔 E. 布莱恩特	114.7	10	
10004	数学之美	吴军	57.8	14	

表 6.6 借阅预约信息表(BOOK_OR_INFO)

Id	Book_id	User_id	Borrow_time	Remake
1	10001	1001	2021/11/13	
2	10001	1010	2021/11/11	
3	10004	1001	2021/11/1	
4	10002	1002	2021/11/13	
5	10004	1003	2021/11/9	
6	10003	1004	2021/11/3	

创建图书信息表(BOOK_INFO),执行代码:

```
    CREATE TABLE 'BOOK_INFO'  (
  'Id' int(11)NOT NULL,
  'Book_name' varchar(255)NOT NULL,
  'Auther' varchar(255)  NOT NULL,
  'Price' decimal(10, 2)NOT NULL,
  'Account' int(11)NOT NULL,
  'Remake' varchar(255)NULL DEFAULT NULL,
  PRIMARY KEY('Id')USING BTREE
);
插入数据:
mysql > INSERT INTO 'book_info'
        VALUES (10001, 'MySQL 必知必会', 'Ben Forta', 41.00, 20, NULL),
        (10002, 'Python 编程 从入门到实践', '埃里克·马瑟斯', 92.00, 15, NULL),
        (10003, '深入理解计算机系统', '兰德尔 E. 布莱恩特', 114.70, 10, NULL),
        (10004, '数学之美', '吴军', 57.80, 14, NULL);
Query OK, 4 rows affected(0.00 sec)
Records:4;Duplicates:0;Warnings:0
```

创建借阅信息表(BOOK_OR_INFO),执行代码:

```
    CREATE TABLE 'BOOK_OR_INFO'  (
  'Id' int(11)NOT NULL,
  'Book_id' int(11)NOT NULL,
  'User_id' int(11)NOT NULL,
  'Borrow_time' date NOT NULL,
  'Remark' varchar(255)NULL DEFAULT NULL,
  PRIMARY KEY('Id')USING BTREE
);
插入数据:
INSERT INTO 'book_or_info' VALUES(1, 10001, 1001, '2021-11-13', NULL);
INSERT INTO 'book_or_info' VALUES(2, 10001, 1010, '2021-11-11', NULL);
INSERT INTO 'book_or_info' VALUES(3, 10004, 1001, '2021-11-01', NULL);
INSERT INTO 'book_or_info' VALUES(4, 10002, 1002, '2021-11-13', NULL);
INSERT INTO 'book_or_info' VALUES(5, 10004, 1003, '2021-11-09', NULL);
INSERT INTO 'book_or_info' VALUES(6, 10003, 1004, '2021-11-03', NULL);
```

6.3.1 AS 取别名

1)为表取别名

当查询多个表时,如果表中有重复的字段名称,需要使用为字段指定具体表名。这个时候如果表名过长,会导致整体的 SQL 语句繁杂,可以使用为表取简单易懂的别名来解决。

语法格式:

```
FROM 表名［AS］别名
```

2)为字段取别名

当希望查询结果中的某些列或所有列显示且使用自己选择的列标题时,可以在列名之后使用 AS 子句来更改查询结果的列别名。

语法格式:

```
SELECT 字段列表 ［AS］ 别名
```

【例 6.26】查询所有用户的年龄信息。

```
mysql >  SELECT id,user_name,YEAR(NOW())-YEAR(Birth_date)AS '年龄'
FROM USER_INFO;
+------+-----------+------+
| Id   | user_name | 年龄 |
+------+-----------+------+
| 1001 | 张凯      |  21  |
| 1002 | 张三      |  22  |
| 1003 | 李小兵    |  22  |
| 1004 | 张莉      |  21  |
| 1005 | 李华      |  35  |
| 1006 | 林洪      |  20  |
| 1007 | 李大强    |  44  |
| 1008 | 谢为民    |  22  |
| 1009 | 王大伟    |  21  |
| 1010 | 李华宗    |  20  |
+------+-----------+------+
10 rows in set(0.08 sec)
```

6.3.2 连接查询

1)等值连接

FROM 子句各个表用逗号分隔,这样就指定了全连接。全连接潜在地产生数量非常大的行,因为可能得到的行数为每个表中行数之积。在这样的情形下,通常要使用 WHERE 子句设定条件来将结果集减少为易于管理的大小,这样的连接即为等值连接。

【例 6.27】查询每个用户的借阅时间。

```
mysql > SELECT u.user_name,o.Borrow_time FROM USER_INFO AS u, BOOK_OR_INFO AS o WHERE u.Id = o.User_id;
+-----------+------------+
| user_name | Borrow_time |
+-----------+------------+
| 张凯      | 2021-11-13 |
| 李华宗    | 2021-11-11 |
| 张凯      | 2021-11-01 |
| 张三      | 2021-11-13 |
| 李小兵    | 2021-11-09 |
| 张莉      | 2021-11-03 |
+-----------+------------+
6 rows in set(0.08 sec)
```

这里使用了表别名,并且两张表的连接关系是 USER_INFO 中的 Id 等于 BOOK_OR_INFO 中的 User_id。

注意:两个表连接后,表中会出现两个 id,查询时一定要加上所属表名。

2)内连接

使用内连接后,FROM 子句中 ON 条件主要用来连接表,其他并不属于连接表的条件可以使用 WHERE 子句来指定。

语法格式:

```
表名 INNER JOIN 表名 ON 连接条件
```

【例 6.28】查询用户借阅时间。

```
mysql > SELECT u.user_name,o.Borrow_time FROM USER_INFO u
```

```
INNER JOIN BOOK_OR_INFO o
ON u. Id  =  o. User_id;
+-----------+-----------+
| User_name  | Borrow_time  |
+-----------+-----------+
| 张凯       | 2021-11-13   |
| 李华宗     | 2021-11-11   |
| 张凯       | 2021-11-01   |
| 张三       | 2021-11-13   |
| 李小兵     | 2021-11-09   |
| 张莉       | 2021-11-03   |
+-----------+-----------+
6 rows in set(0.12 sec)
```

需要知道一个特殊的内连接查询,那就是自连接查询。什么是自连接查询?就是涉及的两张表就是同一张表。

【例 6.29】查询和张凯同属一个部门的其他用户信息。

```
mysql >   SELECT u2. User_name, u2. Dept_id FROM USER_INFO u1
INNER JOIN   USER_INFO u2
ON u1. Dept_id  =  u2. Dept_id
WHERE u1. User_name  =  '张凯';
+-----------+--------+
| User_name  | Dept_id  |
+-----------+--------+
| 张凯       |     12  |
| 张三       |     12  |
| 李华宗     |     12  |
+-----------+--------+
3 rows in set(0.07 sec)
```

以上程序段是把 USER_INFO 表分开看成是两张完全一样的表,在 u1 表中找到 u1. User_name = '张凯'的 Dept_id,然后到 u1 这张表中去查找和该 Dept_id 相等的记录,也就查询出来了问题所需要的结果。还有另一种方法,不用内连接查询,通过子查询也可以做到。

```
mysql > SELECT User_name,Dept_id FROM USER_INFO
WHERE Dept_id =(SELECT Dept_id FROM USER_INFO WHERE User_name ='张凯
');
+-----------+--------+
| User_name | Dept_id |
+-----------+--------+
| 张凯      |     12 |
| 张三      |     12 |
| 李华宗    |     12 |
+-----------+--------+
3 rows in set(0.07 sec)
```

3)外连接查询

内连接是将符合查询条件(符合连接条件)的行返回,也就是返回相关联的行。

外连接除了返回相关联的行外,将没有关联的行也会显示出来。

为什么需要将不关联的行也显示出来呢?这是为了满足不同的业务需求。例如:ORDER 和 CUSTOMERS,顾客可以有订单,也可以没订单,现在需要知道所有顾客的下单情况。而我们不能只查询出有订单的用户,而把没订单的用户丢在一边不显示,这个就跟业务需求不相符了。有人说,既然知道了有订单的顾客,通过单表查询出来不包含这些有订单顾客,不就能达到我们的要求吗,这样是可以,但是很麻烦。如何能够将其一起显示并且不那么麻烦呢?为了解决这个问题,就提出了外连接查询。

4)左外连接查询

结果表中除了匹配行外,还包括左表有但右表中不匹配的行。对于这样的行,从右表被选择的列设置为 NULL。

语法格式:

```
表名 LEFT  JOIN 表名 ON 条件
```

【例6.30】查询所有用户的借阅信息。

```
mysql > SELECT u.User_name,o.* FROM USER_INFO u
        LEFT JOIN BOOK_OR_INFO o
        ON u.Id = o.User_id;
```

```
+-----------+------+---------+---------+-------------+-------+
| User_name | Id   | Book_id | User_id | Borrow_time | Remark |
+-----------+------+---------+---------+-------------+-------+
| 张凯      |    1 |   10001 |    1001 | 2021-11-13  | NULL  |
| 李华宗    |    2 |   10001 |    1010 | 2021-11-11  | NULL  |
| 张凯      |    3 |   10004 |    1001 | 2021-11-01  | NULL  |
| 张三      |    4 |   10002 |    1002 | 2021-11-13  | NULL  |
| 李小兵    |    5 |   10004 |    1003 | 2021-11-09  | NULL  |
| 张莉      |    6 |   10003 |    1004 | 2021-11-03  | NULL  |
| 李华      | NULL | NULL    | NULL    | NULL        | NULL  |
| 林洪      | NULL | NULL    | NULL    | NULL        | NULL  |
| 李大强    | NULL | NULL    | NULL    | NULL        | NULL  |
| 谢为民    | NULL | NULL    | NULL    | NULL        | NULL  |
| 王大伟    | NULL | NULL    | NULL    | NULL        | NULL  |
+-----------+------+---------+---------+-------------+-------+
11 rows in set (0.09 sec)
```

5）*右外连接查询*

结果表中除了匹配行外，还包括右表有但左表中不匹配的行。对于这样的行，从左表被选择的列设置为 NULL。

语法格式：

```
表名 RIGHT JOIN 表名 ON 条件
```

【例 6.31】查询所用用户的借阅信息。

```
mysql > SELECT u.User_name,o.* FROM BOOK_OR_INFO o
RIGHT JOIN USER_INFO u
ON u.Id = o.User_id;
+-----------+------+---------+---------+-------------+-------+
| User_name | Id   | Book_id | User_id | Borrow_time | Remark |
+-----------+------+---------+---------+-------------+-------+
| 张凯      |    1 |   10001 |    1001 | 2021-11-13  | NULL  |
| 李华宗    |    2 |   10001 |    1010 | 2021-11-11  | NULL  |
| 张凯      |    3 |   10004 |    1001 | 2021-11-01  | NULL  |
```

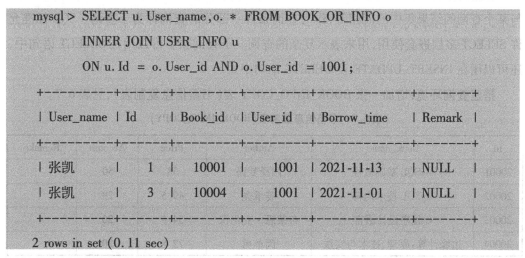

```
| 张三     |    4 |   10002 |    1002 | 2021-11-13 | NULL   |
| 李小兵   |    5 |   10004 |    1003 | 2021-11-09 | NULL   |
| 张莉     |    6 |   10003 |    1004 | 2021-11-03 | NULL   |
| 李华     | NULL | NULL    | NULL    | NULL       | NULL   |
| 林洪     | NULL | NULL    | NULL    | NULL       | NULL   |
| 李大强   | NULL | NULL    | NULL    | NULL       | NULL   |
| 谢为民   | NULL | NULL    | NULL    | NULL       | NULL   |
| 王大伟   | NULL | NULL    | NULL    | NULL       | NULL   |
+----------+------+---------+---------+------------+--------+
11 rows in set (0.09 sec)
```

这条语句出来的结果是跟上面左外连接一样，就是调换了一下位置，其实效果还是一样的。

注意：LEFT JOIN 和 RIGHT JOIN 只是一种写法，其中还有另一种写法：LEFT OUTER JOIN 和 RIGHT OUTER JOIN 。

6)复合条件连接查询

在连接查询（内连接、外连接）的过程中，添加过滤条件限制查询的结果，可使查询的结果更加准确。通俗地讲，就是将连接查询时的条件更加细化。

【例 6.32】在 USER_INFO 和 BOOK_OR_INFO 表中使用 INNER JOIN 语法查询 BOOK_OR_INFO 表中 User_id 为 1001 的用户借阅信息。

```
mysql > SELECT u. User_name, o. * FROM BOOK_OR_INFO o
        INNER JOIN USER_INFO u
        ON u. Id = o. User_id AND o. User_id = 1001;
+-----------+------+---------+---------+-------------+--------+
| User_name | Id   | Book_id | User_id | Borrow_time | Remark |
+-----------+------+---------+---------+-------------+--------+
| 张凯      |    1 |   10001 |    1001 | 2021-11-13  | NULL   |
| 张凯      |    3 |   10004 |    1001 | 2021-11-01  | NULL   |
+-----------+------+---------+---------+-------------+--------+
2 rows in set (0.11 sec)
```

【例 6.33】在 USER_INFO 表和 BOOK_OR_INFO 表之间，使用 INNER JOIN 语法进行内连接查询，并对查询结果进行排序。

```
mysql > SELECT u. User_name,o. * FROM BOOK_OR_INFO o
INNER JOIN USER_INFO u
    ON u. Id = o. User_id
    ORDER BY o. User_id;
+----------+------+--------+--------+------------+-------+
| User_name | Id   | Book_id | User_id | Borrow_time | Remark |
+----------+------+--------+--------+------------+-------+
| 张凯      |    1 |  10001 |   1001 | 2021-11-13 | NULL  |
| 张凯      |    3 |  10004 |   1001 | 2021-11-01 | NULL  |
| 张三      |    4 |  10002 |   1002 | 2021-11-13 | NULL  |
| 李小兵    |    5 |  10004 |   1003 | 2021-11-09 | NULL  |
| 张莉      |    6 |  10003 |   1004 | 2021-11-03 | NULL  |
| 李华宗    |    2 |  10001 |   1010 | 2021-11-11 | NULL  |
+----------+------+--------+--------+------------+-------+
6 rows in set (0.10 sec)
```

对 User_id 进行升序。默认的是 ASC,所以不用写。

6.3.3 子查询

在查询条件中,可以使用另一个查询的结果作为条件的一部分。例如,判定列值是否与某个查询的结果集中的值相等,作为查询条件一部分的查询称为子查询。SQL 标准允许 SELECT 多层嵌套使用,用来表示复杂的查询。子查询除了可以用在 SELECT 语句中,还可以用在 INSERT、UPDATE 及 DELETE 语句中。

搭建查询环境,增加一张 BOOK_INFO_COPY 表(书籍信息复制表),见表 6.7。

表 6.7 书籍信息复制表(BOOK_INFO_COPY)

Id	Book_name	Auther	Price	Account	Remake
20001	MySQL 基础教程	西泽梦路	58	50	
20002	MySQL 技术内幕	姜承尧	49.5	29	
20003	C 程序设计语言	布莱恩 · 克尼汉	54.5	20	
20004	边缘计算:原理、技术与实践	闵革勇	72.8	20	

创建书籍信息复制表(BOOK_INFO_COPY),执行代码如下:

```
mysql > CREATE TABLE 'BOOK_INFO_COPY'  (
        'Id' int(11) NOT NULL,
        'Book_name' varchar(255) NOT NULL,
        'Auther' varchar(255)  NOT NULL,
        'Price' decimal(10, 2) NOT NULL,
        'Account' int(11) NOT NULL,
        'Remake' varchar(255) NULL DEFAULT NULL,
        PRIMARY KEY ('Id') USING BTREE
    );
Query OK, 0 rows affected (0.03 sec)
插入数据
INSERT INTO 'book_info_copy'
        VALUES (20001, 'MySQL 基础教程', '西泽梦路', 58.00, 50, NULL);
INSERT INTO 'book_info_copy'
        VALUES (20002, 'MYSQL 技术内幕', '姜承尧', 49.50, 29, NULL);
INSERT INTO 'book_info_copy'
        VALUES (20003, 'C 程序设计语言', '布莱恩 · 克尼汉', 54.50, 20,
NULL);
INSERT INTO 'book_info_copy'
VALUES (20004, '边缘计算:原理、技术与实践', '闵革勇', 72.80, 20, NULL);
```

1)带 ANY、SOME 关键字的子查询

ANY 关键字接在一个比较操作符的后面,表示若与子查询返回的任何值比较为 TRUE,则返回 TRUE。通俗地讲,只要满足任意一个条件,就返回 TRUE。

语法格式:

```
表达式{ < | <= | = | > | >= | != | <> } { SOME | ANY }(子查询)
```

【例 6.34】查询 BOOK_INFO 表中书籍价格比 BOOK_INFO_COPY 表中任一书籍价格高的图书信息。

```
mysql > SELECT * FROM BOOK_INFO WHERE Price > ANY(SELECT Price FROM
BOOK_INFO_COPY);
```

```
+------+----------------------+-----------------+-------+--------+-------
| Id   | Book_name            | Author          | Price | Account | Remake
+------+----------------------+-----------------+-------+--------+-------
| 10002 | Python 编程 从入门到实践 | 埃里克·马瑟斯     | 92.00  |    15 | NULL
| 10003 | 深入理解计算机系统      | 兰德尔 E. 布莱恩特 | 114.70 |    10 | NULL
| 10004 | 数学之美              | 吴军             | 57.80  |    14 | NULL
+------+----------------------+-----------------+-------+--------+-------
3 rows in set (0.08 sec)
```

SOME 关键字和 ANY 关键字的用法一样,作用也相同。

2)带 ALL 关键字的子查询

使用 ALL 时表示需要同时满足所有条件。

语法格式:

```
表达式 { < | <= | = | > | >= | ! = | <> } { ALL }(子查询)
```

【例 6.35】查询 BOOK_INFO 表中书籍价格比 BOOK_INFO_COPY 表中所有书籍价格高的图书信息。

```
mysql > SELECT * FROM BOOK_INFO WHERE Price > ALL(SELECT Price FROM BOOK
_INFO_COPY);
+------+----------------------+-----------------+-------+--------+--------+
| Id   | Book_name            | Auther          | Price | Account | Remake |
+------+----------------------+-----------------+-------+--------+--------+
| 10002 | Python 编程 从入门到实践 | 埃里克·马瑟斯     | 92.00  |    15 | NULL   |
| 10003 | 深入理解计算机系统      | 兰德尔 E. 布莱恩特 | 114.70 |    10 | NULL   |
+------+----------------------+-----------------+-------+--------+--------+
2 rows in set (0.12 sec)
```

3)带 EXISTS 关键字的子查询

EXISTS 关键字后面的参数是任意一个子查询,如果子查询有返回记录行,则为 TRUE,外层查询语句将会进行查询;如果子查询没有返回任何记录行,则为 FALSE,外层查询语句将不会进行查询。

语法格式:

```
[NOT] EXISTS(子查询)
```

【例 6.36】查询 BOOK_INFO 表和 BOOK_INFO_COPY 表是否存在价格一致的书籍。

```
mysql > SELECT * FROM BOOK_INFO b WHERE EXISTS(SELECT * FROM BOOK_INFO_COPY c WHERE b.Price = c.Price);
Empty set    //表示不存在价格一致的书籍
```

4)带 IN 关键字的子查询

IN 子查询用于进行一个给定值是否在子查询结果集中的判断。

语法格式:

```
表达式 [NOT]IN(子查询)
```

【例 6.37】查询 BOOK_INFO 表和 BOOK_INFO_COPY 表是否存在价格一致的书籍。

```
mysql > SELECT * FROM BOOK_INFO b WHERE Price IN
(SELECT Price FROM BOOK_INFO_COPY);
Empty set
```

5)带比较运算符的子查询

如果子查询的结果集只返回一行数据,可以通过比较运算符直接比较。

语法格式:

```
表达式 { < | <= | = | > | >= | != | <> }(子查询)
```

【例 6.38】查询 BOOK_INFO 表中价格比 BOOK_INFO_COPY 表中 Id 为 20002 的书籍价格高的书籍信息。

```
mysql > SELECT * FROM BOOK_INFO b WHERE Price >
        (SELECT Price FROM BOOK_INFO_COPY WHERE Id = 20002);
+-----+-------------------+----------------+------+-------+------+
| Id    | Book_name                | Auther            | Price  | Account | Remake |
+-----+-------------------+----------------+------+-------+------+
| 10002 | Python 编程 从入门到实践 | 埃里克·马瑟斯      | 92.00  |      15 | NULL   |
| 10003 | 深入理解计算机系统       | 兰德尔 E. 布莱恩特 | 114.70 |      10 | NULL   |
| 10004 | 数学之美                 | 吴军              | 57.80  |      14 | NULL   |
+-----+-------------------+----------------+------+-------+------+
3 rows in set (0.08 sec)
```

6.3.4 UNION 合并结果查询

利用 UNION 关键字,可以将查询出的结果合并到一张结果集中,也就是通过 UNION 关键字将多条SELECT语句连接起来。注意，合并结果集，只是增加了表中的记录，并不是将表中的字段增加，仅仅是将记录行合并到一起，其显示的字段应该是相同的，不然不能合并。

语法格式：

```
SELECT 字段名,…FROM 表名
UNION[ALL |DISTINCT]
SELECT 字段名,…FROM 表名
```

语法说明：

UNION：不使用关键字ALL，执行的时候会删除重复的记录，所有返回的行度是唯一的。

ALL：不删除重复行，也不对结果进行自动排序。

【例6.39】查询BOOK_INFO表和BOOK_INFO_COPY表的信息，使用UNION合并。

```
mysql > INSERT INTO BOOK_INFO_COPY
            SELECT * FROM BOOK_INFO
            WHERE Id = 10001;
Query OK, 1 row affected (0.00 sec)
Records: 1  Duplicates: 0  Warnings: 0
mysql >  SELECT * FROM BOOK_INFO
            UNION ALL
            SELECT * FROM BOOK_INFO_COPY;
+------+----------------------+---------------+-------+--------+------
| Id   | Book_name            | Auther        | Price | Account |Remake
+------+----------------------+---------------+-------+--------+------
| 10001 | MySQL 必知必会        | Ben Forta     | 41.00 |     20 | NULL
| 10002 | Python 编程 从入门到实践 | 埃里克·马瑟斯  | 92.00 |     15 | NULL
| 10003 | 深入理解计算机系统      | 兰德尔 E. 布莱恩特| 114.70 |   10 | NULL
| 10004 | 数学之美              | 吴军          | 57.80 |     14 | NULL
| 10001 | MySQL 必知必会        | Ben Forta     | 41.00 |     20 | NULL
| 20001 | MySQL 基础教程        | 西泽梦路       | 58.00 |     50 | NULL
| 20002 | MYSQL 技术内幕        | 姜承尧         | 49.50 |     29 | NULL
| 20003 | C 程序设计语言         | 布莱恩·克尼汉   | 54.50 |     20 | NULL
| 20004 | 边缘计算:原理、技术与实践 | 闵革勇       | 72.80 |     20 | NULL |
+------+----------------------+---------------+-------+--------+------
9 rows in set (0.11 sec)
```

使用 UNION，而不用 UNION ALL 的话，重复的记录就会被删除掉。

```
mysql >  SELECT * FROM BOOK_INFO
         UNION
         SELECT * FROM BOOK_INFO_COPY;
+------+----------------------+--------------+-------+--------+------
| Id   | Book_name            | Auther       | Price | Account | Remake
+------+----------------------+--------------+-------+--------+------
| 10001 | MySQL 必知必会       | Ben Forta    | 41.00 |   20 | NULL
| 10002 | Python 编程 从入门到实践 | 埃里克·马瑟斯 | 92.00 |   15 | NULL
| 10003 | 深入理解计算机系统   | 兰德尔 E. 布莱恩特 | 114.70 |   10 | NULL
| 10004 | 数学之美             | 吴军         | 57.80 |   14 | NULL
| 20001 | MySQL 基础教程       | 西泽梦路     | 58.00 |   50 | NULL
| 20002 | MYSQL 技术内幕       | 姜承尧       | 49.50 |   29 | NULL
| 20003 | C 程序设计语言       | 布莱恩·克尼汉 | 54.50 |   20 | NULL
| 20004 | 边缘计算:原理、技术与实践 | 闵革勇   | 72.80 |   20 | NULL |
+------+----------------------+--------------+-------+--------+------
8 rows in set (0.11 sec)
```

6.4 综合案例——图书管理系统

数据库表使用第 4 章创建的"DB_LIBRARY"。

①查询创建时间大于 20 天的图书分类信息：

```
SELECT * FROM BOOK_CL_INFO WHERE DATEDIFF(NOW(),Create_time) >20;
```

②查询所有角色为普通用户的信息：

```
SELECT * FROM USER_INFO WHERE Role_id = 1;
```

③查询用户表中张姓的所有用户信息：

```
SELECT * FROM USER_INFO WHERE User_name LIKE '张%';
```

④查询所有联系电话以'182'开头的用户信息：

```
SELECT * FROM USER_INFO WHERE Mobile REGEXP '^(182)';
```

⑤查询图书管理系统中所有的图书数量：

```
SELECT SUM(Account)FROM  BOOK_INFO ;
```

⑥查询创建日期在2020-9-22之后的图书信息：

```
SELECT * FROM BOOK_INFO WHERE Create_time > '2020-9-22';
```

⑦借书登记信息查询：

```
# 查询用户张三的借书预约记录,包括用户姓名、借阅图书名称、作者、图书总数量、预约登记时间
SELECT u. user_name,b. book_name,w. borrow_time,l. create_time
FROM USER_INFO u,BOOK_INFO b,BOOK_OR_INFO w,BOOK_RE_INFO l
WHERE w. book_id = b. id AND w. user_id = u. id AND w. id = l. borrow_id;
FROM USER_INFO u,BOOK_INFO b,BO_LOST_INFO a
WHERE a. book_id = b. id AND a. user_id = u. id AND u. login_name = '张三';
```

注：使用第4章图书管理系统数据库。

6.5 实训项目——生产管理系统

6.5.1 实训目的

①掌握SELECT语句的基本用法；

②掌握条件查询的基本用法；

③掌握多表查询的基本方法；

④掌握数据表的统计与排序的基本方法。

6.5.2 实训内容

按照表6.8和表6.9准备数据。

表6.8 产品信息表

销售产品Id	产品名称	品牌Id	安全库存	当前库存	采购价	零售价	销售价	创建时间	创建用户
10001	麻辣牛肉	1	50	152	10.00	15.50	20.00	2021-10-20 17:29:47	admin
10002	嫩滑牛肉	2	20	21	10.00	15.50	19.99	2021-10-12 14:39:37	huqing

续表

销售产品 Id	产品名称	品牌 Id	安全库存	当前库存	采购价	零售价	销售价	创建时间	创建用户
10003	黑椒牛排	1	50	141	10.00	16.30	24.59	2021-10-02 09:32:33	admin

表 6.9 品牌信息表

品牌 Id	品牌名称	备注	是否可用	创建用户	创建时间
U1001	杀牛匠		0	admin	2021-10-12 10:34:08
U1002	百食好		0	admin	2021-10-25 10:51:30

①查询产品信息表的所有信息。

②查询创建日期在 2021-10-10 之前的产品信息。

③查询创建用户为 admin 的产品信息。

④查询产品销售价格为 10 ~ 20 元的产品信息。

⑤查询所有产品对应的品牌信息。

⑥计算产品总数量。

⑦查询产品表所有信息,按照时间降序输出。

⑧查询各品牌产品数量。

注:使用第 4 章的“生产管理系统”数据库。

本章小结

本章介绍单表查询:比较运算、范围比较、空值比较、分组、排序。集合函数:SUM( )、AVG( )、MAX( )、MIN( )、COUNT( )。多表查询:连接查询、复合查询、子查询、合并查询。

课后习题

1. 下列选项中,表示不等于的关系元素符是(　　)。

A. =　　B. < >　　C. <　　D. >

2. 下列选项中,用于判断某个字段在指定集合中的关键字是(　　)。

A. AND　　B. OR　　C. IN　　D. NOT IN

3. 模糊查询可以使用关键字(　　)。

A. IS NULL　　B. LIKE　　C. BETWEEN AND　　D. DISTINCT

4. 下列聚合函数中,用于返回某列平均值的是(　　)。

A. AVG()　　B. SUM()　　C. MAX()　　D. COUNT()

5. 多表连接查询时,用于连接多个表的关键字是(　　)。

A. JOIN　　B. ON　　C. AND　　D. CROSS JOIN

第 7 章　视　图

MySQL5.0 版本后开始引入视图。视图是数据库中常用的一种对象，建立在查询的基础上。用户使用视图时，不直接查询相应的数据表，而是在视图的基础上再次进行查询，这使得多个用户或需要多次查询同样的数据时，可以将查询的定义保存在数据库服务器中。这对用户来说，不需要掌握复杂的数据库结构，同时，对于数据库来说，安全能得到更好的保证。

学习目标

- 理解视图的概念和作用；
- 熟练掌握创建和管理视图的语法；
- 能使用命令方式实现视图的创建、修改和删除；
- 能使用命令更新视图。

7.1　视图概述

视图本身是数据库中一个虚拟表，不存放任何数据，其内容由查询定义。同真实的表一样，视图是包含一系列带有名称的列和行数据。但是，视图并不在数据库中以存储的数据值集形式存在。行和列数据来自定义视图的所引用的表，并且在引用视图时动态生成。

视图一般应用于比较复杂的查询 SQL 上，比如权限管理、用户需要关联角色、多表查询等，那么 SQL 就涉及比较多的语句。定义视图后，用户可以直接调用。不同的用户可以定义不同的视图，比如采购人员根据需要的数据，可以定义其相关的视图，销售人员根据需要的数据可以定义另外一个视图。

视图创建好之后，就可以像数据表一样可以进行查询、修改、删除和更新。使用视图的具有以下优点：

(1)简化复杂查询：数据库视图由与许多基础表相关联的 SQL 语句定义。用户不需要关心后面对应表的结构、关联、筛选条件，只需要通过视图使用过滤好的符合条件的结果集。

(2)提高数据库安全。视图允许用户创建只读视图,将只读数据公开给特定用户。用户只能以只读视图检索数据,但无法更新。同时视图也可以限制特定用户的数据访问,将非敏感数据仅显示给特定用户组。

(3)自定义数据。视图能让不同的用户以不同的方式看到不同或相同的数据集。

(4)数据独立:一旦视图的结构确定了,可以屏蔽表结构变化对用户的影响,源表增加列对视图没有影响;源表修改列名,则可以通过修改视图来解决,不会造成对访问者的影响。

7.2 创建视图

创建视图的语法格式:

CREATE [OR REPLACE] VIEW 视图名 [(列名列表)]

AS SELECT 语句

[WITH [CASCADED | LOCAL] CHECK OPTION]

- 列名列表:可选参数,表示视图的字段列表。如果省略,则使用 select 语句中的字段列表;
- OR REPLACE:表示替换已有的视图名称。
- WITH [CASCADED | LOCAL] CHECK OPTION:表示视图在更新时保证在视图的权限范围之内。
- CASECADE 是默认值,表示更新视图的时候,要满足视图和表的相关条件。
- LOCAL 表示更新视图的时候,要满足该视图定义的一个条件即可。

创建视图时还需要注意以下限制:

(1)用户除了拥有 CREATE VIEW 权限外,还具有操作中涉及的基础表和其他视图的相关权限。

(2)SELECT 语句不能引用系统或用户变量。

(3)SELECT 语句不能包含 FROM 子句中的子查询。

(4)SELECT 语句不能引用预处理语句参数。

(5)视图定义中允许使用 ORDER BY 语句,但是若从特定视图进行选择,而该视图使用了自己的 ORDER BY 语句,则视图定义中的 ORDER BY 将被忽略。

(6)视图定义中不能引用 TEMPORARY 表(临时表),不能创建 TEMPORARY 视图。

根据用户信息表(表7.1)、图书信息表(表7.2)和借阅预约信息表(表7.3),创建视图。

表 7.1 用户信息表(User_info)

Id	USER_name	Birth_date	Id_card	Dept_id	Role_id
1001	张凯	2001/10/2	500101200110025000	12	3
1002	张三	2000/8/27	500101200008271000	12	3
1003	李小兵	2000/4/3	500101200004032000	11	3
1004	张莉	2001/2/7	500101200102074000	10	3
1005	李华	1987/6/16	500101198706163000	9	1
1006	林洪	2002/1/23	500101200201235000	11	3
1007	李大强	1978/9/18	500101197809182000	9	2
1008	谢为民	2000/3/9	500101200003097000	10	3
1009	王大伟	2001/5/17	500101200105172000	10	3
1010	李华宗	2002/1/5	500101200201055000	12	3

表 7.2 图书信息表(Book_info)

id	Book_name	Auther	Price	Account	Remake
10001	MySQL 必知必会	Ben Forta	41	20	
10002	Python 编程 从入门到实践	埃里克・马瑟斯	92	15	
10003	深入理解计算机系统	兰德尔 E. 布莱恩特	114.7	10	
10004	数学之美	吴军	57.8	14	

表 7.3 借阅预约信息表(Book_or_info)

id	Book_id	User_id	Borrow_time	Remake
1	10001	1001	2021/11/13	
2	10001	1010	2021/11/11	
3	10004	1001	2021/11/1	
4	10002	1002	2021/11/13	
5	10004	1003	2021/11/9	
6	10003	1004	2021/11/3	

【例 7.1】创建单表视图,视图名:Bookinfo_view,视图结果为 Book_info 表中所有的数据。

（1）打开 db_info 数据库，创建 Bookinfo_view，代码如下：

```
CREATE VIEW Bookinfo_view
AS SELECT * FROMBook_info;
```

（2）定义视图后，可以像基本表一样查询视图。查询上面创建的 Bookinfo_view 视图，代码如下：

```
SELECT * FROM Bookinfo_view;
```

运行结果如图 7.1 所示。

Id	Book_name	Auther	Price	Account	Remake
10001	MySQL必知必会	Ben Forta	41.00	20	NULL
10002	Python编程 从入门到实践	埃里克·马瑟斯	92.00	15	NULL
10003	深入理解计算机系统	兰德尔 E.布莱恩特	114.70	10	NULL
10004	数学之美	吴军	57.80	14	NULL

图 7.1　查询视图 Bookinfo_view 的所有数据

【例 7.2】创建多表视图，视图名：Reader_book_view，视图结果为读者借阅图书的信息，显示读者名、借阅图书名、借阅日期三个字段，并指定列名为 Username，Bookname，Borrowtime。

（1）Reader_book_view 视图涉及 User_info，Book_info，Book_or_info 三个表，因此要建立多表查询。创建视图代码如下：

```
CREATE VIEW Reader_book_view(Username,Bookname,Borrowtime)
AS SELECT User_info.User_name, Book_info.Book_name, Book_or_info.Borrow_time
FROM Book_info, Book_or_info, User_info
WHERE Book_info.Id = Book_or_info.Book_id AND User_info.Id = Book_or_info.User_id
```

（2）查询上面创建的 Reader_book_view 视图，代码如下：

```
SELECT * FROM Reader_book_view;
```

运行结果如图 7.2 所示。

Username	Bookname	Borrowtime
李华宗	MySQL必知必会	2021-11-11
李小兵	数学之美	2021-11-09
张莉	深入理解计算机系统	2021-11-03

图 7.2　查询视图 Reader_book_view 的所有数据

在这个视图中，通过指定视图字段的名称来创建视图，指定字段名对应到 SELECT 语句中的字段名，实现用户自定义视图的字段名。通过这个视图，用户需要掌握 Book_info，Book_or_info，User_info 的基本结构，只需要通过 Reader_book_view 视图查询需要的数据，降低了用户使用数据库的难度,同时保护了基本表数据的安全。

【例 7.3】创建视图 Count_num_view,包括图书名及借阅的册数。

(1)创建视图,Count_num_view 视图结果中包括 Book_info 表中的 Book_name 字段和 Book_or_info 表中的统计每本书借阅的本数。创建视图代码如下:

```
CREATE VIEW Count_num_view
AS SELECT Book_info. Book_name, count(book_or_info. Book_id)  as 数量 FROM
Book_info, Book_or_info
WHERE Book_info. Id = Book_or_info. Book_id
GROUP BY Book_or_info. Book_id;
```

(2)查询上面创建的视图,代码如下:

```
SELECT * FROMCount_num_view;
```

运行结果如图 7.3 所示。

(3)查询视图中 Count_num_view 数量大于 1 的图书名,代码如下:

```
SELECT Book_nameFROM Count_num_view WHERE 数量 >1;
```

运行结果如图 7.4 所示。

Book_name	数量
MySQL必知必会	2
数学之美	2
Python编程 从入门到实践	1
深入理解计算机系统	1

图 7.3 查询视图 Count_num_view 的所有数据

Book_name
MySQL必知必会
数学之美

图 7.4 查询视图 Count_num_view 中数量大于 1 的图书名

注意;使用视图查询时,若其关联的基本表中增加了新字段,该视图中不会包含新字段,除非对它进行修改。如果与视图关联的基本表被删除,则该视图将不能再使用。

7.3 查看视图相关信息

7.3.1 通过 DESCRIBE 语句查看视图的结构

与查看基本表的结构语法一样,可以使用 DESCRIBE 语句查询视图的结构,DESCRIBE 可简写为 DESC。

语法格式如下:

```
DESCRIBE 视图名
```

【例 7.4】查看视图 Bookinfo_view 的结构,代码如下:

```
DESCRIBE Bookinfo_view;
```

运行结果如图 7.5 所示。

Field	Type	Null	Key	Default	Extra
Id	int	NO		NULL	
Book_name	varchar(255)	NO		NULL	
Auther	varchar(255)	NO		NULL	
Price	decimal(10,2)	NO		NULL	
Account	int	NO		NULL	
Remake	varchar(255)	YES		NULL	

图 7.5　Bookinfo_view 视图结构

```
DESCRIBE Bookinfo_view;
```

7.3.2　通过 Show Table Status 语句查看视图的基本信息

通过 Show Table Status 语句可以查看视图的基本信息,语法格式如下:

```
SHOW TABLE STATUSlike‘视图名’;
```

【例 7.5】查看视图 Bookinfo_view 的基本信息,代码如下:

```
SHOW TABLE STATUS like 'Bookinfo_view';
```

运行结果如图 7.6 所示。

```
*************************** 1. row ***************
           Name: bookinfo_view
         Engine: NULL
        Version: NULL
     Row_format: NULL
           Rows: NULL
 Avg_row_length: NULL
    Data_length: NULL
Max_data_length: NULL
   Index_length: NULL
      Data_free: NULL
 Auto_increment: NULL
    Create_time: 2022-08-26 16:26:13
    Update_time: NULL
     Check_time: NULL
      Collation: NULL
       Checksum: NULL
 Create_options: NULL
        Comment: VIEW
1 row in set (0.00 sec)
```

图 7.6　Bookinfo_view 视图基本信息

运行结果中 Comment 列的值为 VIEW,表示为视图;其他列为 NULL,表示该表为虚表。

7.3.3 通过 Show Create View 查看视图的详细信息

通过 Show Create View 语句可以查看视图的详细定义,语法格式如下:

```
SHOW CREATE VIEW 视图名
```

【例 7.6】查看视图 Bookinfo_view 的详细信息,代码如下:

```
SHOW CREATE VIEW Bookinfo_view;
```

运行结果如图 7.7 所示。

```
*************************** 1. row ***************************
                View: bookinfo_view
         Create View: CREATE ALGORITHM=UNDEFINED DEFINER=`root`@`localhost` SQL SECURITY DEFINER
VIEW `bookinfo_view` AS select `book_info`.`Book_name` AS `book_name`,`book_info`.`Auther` AS `Au
ther`,`book_info`.`Price` AS `Price`,`book_info`.`Account` AS `Account` from `book_info`
character_set_client: gbk
collation_connection: gbk_chinese_ci
1 row in set (0.00 sec)
```

图 7.7 Bookinfo_view 视图详细定义

7.4 修改视图

视图定义好后,当视图不满足需求时,则可以通过 ALTER VIEW 语句对视图进行更改。

语法格式如下:

```
ALTER VIEW 视图名[(列名列表)]
AS SELECT 语句
[WITH [CASCADED | LOCAL] CHECK OPTION]
```

修改视图的语法格式与创建视图的语法格式类似,相关参数的作用和含义详见 CREATE VIEW 语句。

【例 7.7】修改视图 Bookinfo_view,只显示 Book_name,Auther,Price,Account 字段,代码如下:

```
ALTER VIEW Bookinfo_view
AS
SELECTBook_name,Auther,Price,Account FROM Book_info;
```

查询视图后,运行结果如图 7.8 所示。

book_name	Auther	Price	Account
MySQL必知必会	Ben Forta	41.00	20
Python编程 从入门到实践	埃里克·马瑟斯	92.00	15
深入理解计算机系统	兰德尔 E.布莱恩特	114.70	10
数学之美	吴军	57.80	14

图 7.8　修改 Bookinfo_view 视图后的全部结果

7.5　更新视图

更新视图是指通过视图插入、更新和删除数据表中的数据。而视图是一个虚拟表，实际的数据来自基本表，所以通过插入、修改和删除操作更新视图中的数据，实质上是在更新视图所引用的基本表的数据。注意：在对视图修改时，要满足基本表的数据定义，同时还需要注意，只能修改权限范围内的数据。

一些包含以下特定结构的视图不可更新：

(1)聚合函数 SUM()、MIN()、MAX()、COUNT() 等。

(2)DISTINCT 关键字。

(3)GROUP BY 子句。

(4)HAVING 子句。

(5)UNION 或 UNION ALL 运算符。

(6)位于选择列表中的子查询。

(7)FROM 子句中的不可更新视图或包含多个表。

(8)WHERE 子句中的子查询，引用 FROM 子句中的表。

(9)ALGORITHM 选项为 TEMPTABLE(使用临时表总会使视图成为不可更新的)的时候。

7.5.1　使用 INSERT 语句更新视图

使用 INSERT 语句可以实现通过视图向基本表插入数据。

【例 7.8】向视图 Bookinfo_view 中增加一条数据。

```
INSERTINTO Bookinfo_view VALUES("高性能 MYSQL","Baron Scbwartz",128.00,
10);
```

查询 Bookinfo_view 表中的数据，结果如图 7.9 所示。

该视图只涉及基本表 Book_info，则在该表中插入一条数据。查询 Book_info 表中的数据,结果如图7.10所示。

book_name	Auther	Price	Account
MySQL必知必会	Ben Forta	41.00	20
Python编程 从入门到实践	埃里克·马瑟斯	92.00	15
深入理解计算机系统	兰德尔 E.布莱恩特	114.70	10
数学之美	吴军	57.80	14
高性能MYSQL	Baron Scbwartz	128.00	10

图7.9 Bookinfo_view 视图的数据

Id	Book_name	Auther	Price	Account	Remake
10001	MySQL必知必会	Ben Forta	41.00	20	NULL
10002	Python编程 从入门到实践	埃里克·马瑟斯	92.00	15	NULL
10003	深入理解计算机系统	兰德尔 E.布莱恩特	114.70	10	NULL
10004	数学之美	吴军	57.80	14	NULL
10005	高性能MYSQL	Baron Scbwartz	128.00	10	NULL

图7.10 Book_info 表的数据

注意:如果视图的数据源于多张基本表,则不能通过该视图中插入数据。

7.5.2 使用 UPDATE 语句更新视图

使用 UPDATE 语句可以实现通过视图修改基本表的数据。

【例7.9】修改视图 Bookinfo_view 中的数据,将图书"高性能 MYSQL"的数量改为20本。

```
UPDATE Bookinfo_view SET Account =20 WHERE Book_name = "高性能 MYSQL";
```

该视图只涉及基本表 Book_info。查询更新后的视图,结果如图7.11所示。

book_name	Auther	Price	Account
MySQL必知必会	Ben Forta	41.00	20
Python编程 从入门到实践	埃里克·马瑟斯	92.00	15
深入理解计算机系统	兰德尔 E.布莱恩特	114.70	10
数学之美	吴军	57.80	14
高性能MYSQL	Baron Scbwartz	128.00	20

图7.11 Bookinfo_view 视图的数据

注意:如果视图的数据源于多张基本表,则通过该视图一次只能修改一张基本表中的数据。

7.5.3 使用 DELETE 语句更新视图

使用 DELETE 语句可以实现通过视图删除基本表的数据。

【例7.10】删除视图 Bookinfo_view 中图书名为"高性能 MYSQL"的图书。

```
DELETE FROM Bookinfo_view WHERE Book_name = "高性能 MYSQL";
```

该视图只涉及基本表 Book_info。查询更新后的视图,结果如图 7.12 所示。

book_name	Auther	Price	Account
MySQL必知必会	Ben Forta	41.00	20
Python编程 从入门到实践	埃里克·马瑟斯	92.00	15
深入理解计算机系统	兰德尔 E.布莱恩特	114.70	10
数学之美	吴军	57.80	14

图 7.12 Bookinfo_view 视图的数据

注意:如果视图的数据源于多张基本表,则不能使用 DELETE 语句一次性删除多张基本表的数据。

7.6 删除视图

删除视图是指删除视图中已存在的视图,语法格式如下:

```
DROP VIEW [IF EXISTS]
视图名 1,[视图名 2,…]
```

DROP VIEW 能够删除 1 个或多个视图,多个视图名之间用逗号隔开。用户必须在每个视图上拥有 DROP 权限。用户如果使用"IF EXISTS"选项,则要删除的视图如果不存在,MySQL 也不会出现报错提示信息。

【例 7.11】删除视图 Bookinfo_view,代码如下:

```
DROP VIEW Bookinfo_view;
```

7.7 综合案例——图书管理系统

数据库使用第 4 章创建的"DB_LIBRARY"。

(1)创建单表视图 Book_borrow_view:查看图书借阅预约信息。

```
CREATE VIEW Book_borrow_view
AS SELECT * FROM book_or_info;
```

(2)查询编号为 1005 的用户的所有图书借阅信息。

```
SELECT * FROM Book_borrow_view where User_id = '1005';
```

(3)创建多表视图:统计每个出版社的图书数量。

```
CREATE VIEW Book_borrow_count
```

```
AS SELECT Book_info. Publish,COUNT(Book_or_info. Book_id) AS 数量
FROM Book_info,Book_or_info WHERE Book_info. Id = Book_or_info. Book_id
GROUP BY Book_info. Publish;
```

(4)创建多表视图:统计每本借阅图书的数量,并按照降序排序。

```
CREATE VIEW Book_order_desc(图书编号,图书名称,数量)
AS SELECT Book_or_info. Book_id,Book_info. Book_name,COUNT(Book_or_info. Book
_id) AS 数量 FROM Book_or_info,book_info
WHERE Book_info. Id = Book_or_info. Book_id
GROUP BY Book_or_info. Book_id
ORDER BY 数量 DESC;
```

(5)修改单表视图定义,修改视图:Book_borrow_view,按照图书数量降序排序。

```
CREATE VIEW Book_borrow_count
AS SELECT Book_info. Publish,COUNT(Book_or_info. Book_id)
FROM Book_info,Book_or_info WHERE Book_info. Id = Book_or_info. Book_id
GROUP BY Book_info. Publish
ORDER BY 数量 DESC;
```

(6)更新视图:向 Book_borrow_view 添加一条数据。

```
INSERT INTO Book_borrow_view
VALUES("11","10001","1005","2022-09 - 19","2022-09 - 11","2022-09 - 11
10:24:09",NULL);
```

(7)更新视图:修改 Book_borrow_view 视图中编号为 11 的数据,借阅用户改为 1006。

```
UPDATE Book_borrow_view SET User_id = '1006' WHERE id = '11';
```

(8)更新视图:删除 Book_borrow_view 视图中编号为 11 的数据。

```
DELETE FROM Book_borrow_view WHERE id = '11';
```

(9)删除视图:Book_borrow_view,Book_borrow_count,Book_order_desc。

```
DROP VIEW Book_borrow_view,Book_borrow_count,Book_order_desc;
```

7.8 实训项目——生产管理系统

7.8.1 实训目的

(1)掌握创建视图的语法;

(2)掌握修改视图的语法;

(3)掌握更新视图的语法;

(4)掌握删除视图的语法;

(5)掌握查询视图的语法。

7.8.2 实训内容

使用第6章的"生产管理系统"数据库的产品信息表和品牌信息表。

(1)创建视图 Productinfo_view1,包含所有产品编号、名称、规格型号、当前库存、采购价、零售价。

(2)从视图 Productinfo_view1 查询产品名称包含"牛肉"的商品信息。

(3)创建视图 Productinfo_view2,包含所有品牌 ID,品牌名称是否可用。

(4)从视图 Productinfo_view1 查询所有销售价格大于100元的商品信息。

(5)修改视图 Productinfo_view1 中,将编号为"10001"的商品销售价格修改为25元。

(6)向视图 Productinfo_view2 中插入一条记录:("U1003","办公","")。

(7)删除 Productinfo_view1 视图中销售价格为0的商品信息。

(8)删除视图:Productinfo_view1,Productinfo_view2。

本章小结

创建视图:CREATE VIEW

修改视图:ALTER VIEW

更新视图:IINSERT、UPDATE、DELETE

删除视图:DROP VIEW

查看视图:DESCRIBE、SHOW TABLE STATUS、SHOW CREATE VIEW

课后习题

1. 在 MySQL 中,不可对视图执行的操作是 (　　)。

A. SELECT　B. INSERT　C. UPDATE　D. CREATE INDEX

2. 视图是一张虚表,它是从(　　)导出的数据表。

A. 一张基本数据表　B. 一张或者多张基本数据表

C. 多张基本表　D. 以上都不是

3. 视图提高了数据库系统的(　　)。

A. 安全行　B. 完整性　C. 查询速度　D. 减少存储空间

4. 下列聚合函数中,用于返回某列的平均值的是(　　)。

A. AVG()　B. SUM()　C. MAX(　　)　D. COUNT()

5. 按要求完写出一下命令,并上机练习。

(1)创建 Employee 表,表结构如下:

表 7.4　Employee 表

字段名	字段类型	备注
员工编号	Char(5)	主键,自增
员工姓名	Varchar(50)	非空
员工部门编号	Char(4)	外键
员工工资	Float	

表 7.5　Department 表

字段名	字段类型	备注
部门编号	Char(5)	主键,自增
部门姓名	Varchar(50)	非空

(2)创建视图 Employee_view1,查询部门编号为 10001 的员工编号、姓名和工资;

(3)修改视图 Employee_view1,查询部门销售部和市场部的员工编号、姓名和工资;

(4)向视图中插入数据:(“张城”,”10002”,8000)。

(5)删除视图:Employee_view1。

第8章　索　引

在数据库操作中，用户经常需要查找特定的数据，而索引则用来快速寻找那些具有特定值的记录。例如：当执行“select * from USER_INFO where Id = '21301'”语句时，如果没有索引，MySQL 数据库必须从第一条记录开始扫描表，直至找到 Id 字段值是 21301 的记录。MySQL 索引的建立对于 MySQL 的高效运行是很重要的，索引可以大大提高 MySQL 的检索速度。MySQL 在查找时，无需扫描所有记录即可迅速找到目标记录所在的位置，能大大提高查找的效率。

学习目标

- 掌握索引的分类
- 能熟练地创建索引
- 掌握如何删除索引

8.1　索引的分类

在 MySQL 中，我们所指的索引类型通常有以下几种：

1）普通索引

普通索引是 INDEX 关键字或 KEY 关键字定义的索引，它是 MySQL 中最基本的索引类型，没有唯一性之类的限制，允许插入重复值或空值。

2）唯一索引

唯一索引是 UNIQUE 关键字定义的索引，索引列的所有值都只能出现一次，即必须是唯一的，但允许插入空值。在同一张表中可以有多个唯一索引。

3）全文索引

全文索引是 FULLTEXT 关键字定义的索引，是指在定义索引的字段上支持值的全文查找，它可以提高全文查找的查询效率。全文索引只能在 CHAR、VARCHAR 或 TEXT 类型的字段上创建，允许索引字段插入空值或重复值。在旧版 MySQL 中，只有 MyISAM 存储引擎支持全文索引。在 MySQL 5.6 以后的版本中，InnoDB 存储引擎也支持全文索引。

4)空间索引

空间索引是SPATIAL关键字定义的索引,是只能在空间数据类型的字段上建立的索引。在MySQL中的空间数据类型有4种,分别是GEOMETRY、POINT、LINESTRING和POLYGON。需要注意的是,创建空间索引的字段,必须将其声明为NOT NULL。在旧版的MySQL中,只有MyISAM存储引擎支持空间索引。从MySQL 5.7.4实验室版本开始,InnODB存储引擎也支持空间索引。

5)主键

主键是一种唯一索引,它必须指定为"PRIMARY KEY"。主键一般在创建表的时候指定,也可以通过修改表的方式加入主键,但是每个表只能有一个主键。

6)多列索引

多列索引是指在数据表中多个字段上创建的索引。只有在查询条件中使用了这些字段中的第一个字段时,该索引才会被使用。例如:在用户信息表的"编号""姓名"和"出生日期"字段上创建一个多列索引,那么只有在查询条件中使用了"编号"字段时,该索引才会被使用。

7)单列索引

单列索引是指在数据表中单个字段上创建的索引。它可以是普通索引、唯一索引或者全文索引,只要保证该索引只对应表中的一个字段即可。

8.2　创建索引

在MySQL中,索引的创建方式有以下3种:

1)创表时直接创建索引

用CREATE TABLE命令创建表的时候就创建索引,此方式的优点是简单、方便。其语法格式:

```
CREATE TABLE 表名
(字段名 数据类型[完整性约束条件],
字段名 数据类型[完整性约束条件],
...
字段名 数据类型
```

```
(PRIMARY KEY|UNIQUE|FULLTEXT|SPATIAL] INDEX|KEY[别名](字段名[(长度)] [ASC|DESC]);
```

语法说明：

PRIMARY KEY：表示创建的是主键索引，同一张表只允许有一个主键索引。

UNIQUE：表示创建的是唯一索引，在唯一索引的字段不允许出现相同的值。

FULLTEXT：表示创建的是全文索引。

SPATIAL：表示创建的是空间索引。

别名：表示创建的是索引的名称。默认用字段名作为索引名称。

长度：表示指定字段中用于创建索引的长度。默认用整个字段内容创建索引。

- ASC|DESC：表示创建索引时的排序方式。其中，ASC 为升序排列，DESC 为降序排列。默认为升序排列。

【例 8.1】创建 USER_INFO 表，同时在表的 User_name 字段上建立普通索引。SQL 代码如下：

```
mysql > CREATE TABLE USER_INFO
(Id INT NOT NULL,
User_name VARCHAR(50)NOT NULL,
Gender char(1),
Id_card VARCHAR(50)NOT NULL,
Login_name char(10),
INDEX(User_name)
);
Query OK, 0 rows affected(0.04 sec)
```

上述 SQL 语句执行后，使用 SHOW CREATE TABLE 语句查看表的结构，执行结果如下所示：

```
mysql > show create table user_info;
+----------+------------------------------------------------
|   Table   |          Create Table
| user_info    | CREATE TABLE 'user_info' (
  'Id' int(11) NOT NULL,
  'User_name' varchar(255) NOT NULL,
  'Gender' char(1) DEFAULT NULL,
```

```
  'Id_card' varchar(255) NOT NULL,
  'Login_name' char(10) DEFAULT NULL,
  KEY 'User_name' ('User_name')
) ENGINE = InnoDB DEFAULT CHARSET = utf8 |
+-----------+--------------------------------------------------
1 row in set (0.05 sec)
```

从结果可以看出,User_name 字段上已经创建了一个普通索引。可以使用 EXPLAIN 语句查看索引是否被使用,SQL 代码如下:

```
mysql > EXPLAIN SELECT * FROM USER_INFO
WHERE User_name = '图书管理员';
+---+-----------+-----------+----------+----+-------------+---------+
| id | select_type | table     | partitions | type | possible_keys | key       |
+---+-----------+-----------+----------+----+-------------+---------+
| 1  | SIMPLE      | USER_INFO | NULL       | ref  | User_name     | User_name |
+---+-----------+-----------+----------+----+-------------+---------+
```

从结果可以看出,“possible_keys”和“key”的值都为 User_name,说明 User_name 所以已经存在并且被使用了。

【例 8.2】创建 BOOK_INFO 表,在 Book_name 字段上创建名为 UK_Bookname 的唯一索引,顺序按照升序排列。SQL 代码如下:

```
mysql > CREATE TABLE BOOK_INFO
(Id INT NOT NULL PRIMARY KEY,
Book_nameVARCHAR(50),
Author VARCHAR(20),
Price DECIMAL(3,1),
Cd INT,
Publish VARCHAR(20),
UNIQUE INDEX UK_Bookname(Book_name ASC)
);
Query OK, 0 rows affected(0.03 sec)
```

上述 SQL 代码执行后,使用 SHOW CREATE TABLE 语句查看表的结构,执行结果:

```
mysql > show create table book_info;
+----------+----------------------------------------------
| Table          | Create Table
+----------+----------------------------------------------
| book_info     | CREATE TABLE 'book_info' (
  'Id' int(11) NOT NULL,
  'Book_name' varchar(50) DEFAULT NULL,
  'Author' varchar(20) DEFAULT NULL,
  'Price' decimal(3,1) DEFAULT NULL,
  'Cd' int(11) DEFAULT NULL,
  'Publish' varchar(20) DEFAULT NULL,
  PRIMARY KEY ('Id'),
  UNIQUE KEY 'UK_Bookname' ('Book_name')
)| ENGINE = InnoDB DEFAULT CHARSET = utf8
+----------+----------------------------------------------
1 row in set (0.09 sec)
```

从结果可以看出,在 BOOK_INFO 表的 Book_name 字段上已经创建了一个名为 UK_Bookname 的唯一索引。

【例 8.3】创建 BORROW_INFO 表,同时在 BORROW_INFO 表的 Book_name 字段上创建名为 FT_Bookname 的全文索引。SQL 代码如下:

```
mysql > CREATE TABLE BORROW_INFO
(Id INT NOT NULL PRIMARY KEY,
Book_name VARCHAR(50)NOT NULL,
Remark VARCHAR(20),
User_name VARCHAR(50),
Borrow_time VARCHAR(50),
FULLTEXT INDEX FT_Bookname(Book_name)
)ENGINE = MyISAM;
Query OK, 0 rows affected(0.01 sec)
```

上述 SQL 代码执行后,使用 SHOW CREATE TABLE 语句查看表的结构,执行结果:

```
mysql > show create table borrow_info;
+----------+------------------------------------------------------
| Table    | Create Table
+----------+------------------------------------------------------
| borrow_info  | CREATE TABLE 'borrow_info' (
  'Id' int(11) NOT NULL,
  'Book_name' varchar(50) NOT NULL,
  'Remark' varchar(20) DEFAULT NULL,
  'User_name' varchar(50) DEFAULT NULL,
  'Borrow_time' varchar(50) DEFAULT NULL,
  PRIMARY KEY ('Id'),
  FULLTEXT KEY 'FT_Bookname' ('Book_name')
)| ENGINE = MyISAM DEFAULT CHARSET = utf8
+----------+------------------------------------------------------
1 row in set (0.07 sec)
```

从结果可以看出,Book_name 字段上已经创建了一个名为 FT_Bookname 的全文索引。

2)使用 CREATE INDEX 语句

使用 CREATE INDEX 语句可以在一个已有表上创建索引,一个表可以创建多个索引。语法格式:

```
CREATE[UNIQUE | FULLTEXT] INDEX 索引名
ON 表名(列名[(长度)][ASC | DESC],...)
```

语法说明:

索引名:表示索引的名称,索引名在一个表中必须是唯一的。

列名:表示创建索引的列名。长度表示使用列的前多少个字符创建索引。使用列的一部分创建索引可以使索引文件大大减小,从而节省磁盘空间。BLOB 或 TEXT 列必须用前缀索引。

- UNIQUE|FULLTEXT:表示创建的是唯一性索引。FULLTEXT 表示创建全文索引。

ASC|DESC:表示规定索引按升序(ASC)还是降序(DESC)排列,默认为 ASC。如果一条 SELECT 语句中的某列按照降序排列,那么在该列上定义一个降序索引可以加快处理速度。

从以上语法中可以看出,CREATE INDEX 语句并不能创建主键。

【例 8.4】在 USER_INFO 表的 User_name 字段上创建名为 username 的唯一索引。SQL 代码如下：

```
mysql > CREATE UNIQUE INDEX username ON USER_INFO( User_name) ;
Query OK, 0 rows affected(0.06 sec)
Records:0   Duplicates:0   Warnings:0
```

【例 8.5】在 USER_INFO 表的 Login_name 字段上创建名为 loginname 的全文索引。SQL 代码：

```
mysql > CREATE FULLTEXT INDEX loginname ON USER_INFO( Login_name) ;
Query OK, 0 rows affected(0.35 sec)
Records:0   Duplicates:0   Warnings:1
```

【例 8.6】在 USER_INFO 表的 Id_card 字段上创建名为 Idcard 的普通索引。SQL 代码：

```
mysql >CREATE   INDEX Idcard ON USER_INFO( Id_card) ;
Query OK, 0 rows affected(0.02 sec)
Records:0   Duplicates:0   Warnings:0
```

上述 SQL 代码执行后，使用 SHOW CREATE TABLE 语句查看表的结构，执行结果如下：

```
mysql > show create table user_info;
+----------+---------------------------------------------
| Table     | Create Table
+----------+---------------------------------------------
| user_info  | CREATE TABLE 'user_info' (
  'Id' int(11) NOT NULL,
  'User_name' varchar(255) NOT NULL,
  'Gender' char(1) DEFAULT NULL,
  'Id_card' varchar(255) NOT NULL,
  'Login_name' char(10) DEFAULT NULL,
  UNIQUE KEY 'username' ('User_name'),
  KEY 'User_name' ('User_name'),
  KEY 'Idcard' ('Id_card'),
  FULLTEXT KEY 'loginname' ('Login_name')
) ENGINE = InnoDB DEFAULT CHARSET = utf8  |
+----------+---------------------------------------------
```

```
1 row in set (0.06 sec)
```

3)使用 ALTER TABLE 语句

使用 ALTER TABLE 语句修改表,其中也包括向表中添加索引。其语法格式:

```
ALTER TABLE 表名
    ADD INDEX [索引名](列名,...)                /*索引*/
    |ADD PRIMARY KEY [索引方式](列名,...)   /*主键*/
    |ADD UNIQUE [索引名](列名,...)   /*唯一性索引*/
    |ADD FULLTEXT [索引名](列名,...)   /*全文索引*/
```

语法说明:

索引方式:语法格式为 USING{BTREE|HASH}。

索引名:指定索引名,如果没有指定,当定义索引时默认索引名,则一个主键的索引叫做 PRIMARY,其他索引使用索引的第一个列名作为索引名。如果存在多个索引的名字以某一个列的名字开头,就在列名后面放置一个顺序号码。

【例 8.7】在 BOOK_INFO 表的 Cd 字段上创建名为 cd 的普通索引。SQL 语句:

```
ALTER TABLE BOOK_INFO ADD INDEX cd(Cd);
```

【例 8.8】在 BOOK_INFO 表的 Publish 字段上创建名为 publish 的唯一索引。SQL 语句如下:

```
ALTER TABLE BOOK_INFO ADD UNIQUE INDEX publish(Publish);
```

【例 8.9】在 BOOK_INFO 表的 Author 字段上创建名为 author 的全文索引。SQL 语句如下:

```
mysql > ALTER TABLE BOOK_INFO ADD FULLTEXT author(Author);
Query OK, 0 rows affected(0.02 sec)
Records:0   Duplicates:0   Warnings:0
```

上述 SQL 代码执行后,使用 SHOW CREATE TABLE 语句查看表的结构,执行结果如下:

```
mysql > show create table book_info;
+-----------+----------------------------------------------
| Table     | Create Table
+-----------+----------------------------------------------
| book_info | CREATE TABLE 'book_info' (
  'Id' int(11) NOT NULL,
```

```
'Book_name' varchar(50) DEFAULT NULL,
'Author' varchar(20) DEFAULT NULL,
'Price' decimal(3,1) DEFAULT NULL,
'Cd' int(11) DEFAULT NULL,
'Publish' varchar(20) DEFAULT NULL,
PRIMARY KEY ('Id'),
UNIQUE KEY 'UK_Bookname' ('Book_name'),
KEY 'cd' ('Cd')
) ENGINE = InnoDB DEFAULT CHARSET = utf8 |
+----------+--------------------------------------------------
1 row in set (0.07 sec)
```

8.3 删除索引

1)使用 DROP INDEX 语句删除索引

语法格式:

```
DROP INDEX 索引名 ON 表名
```

【例 8.10】删除 BOOK_INFO 表上的 author 索引。SQL 语句如下:

```
DROP INDEX author ON BOOK_INFO;
```

2)使用 ALTER TABLE 语句删除索引

语法格式:

```
ALTER [IGNORE] TABLE 表名
| DROP PRIMARY KEY          /* 删除主键 */
| DROP INDEX 索引名   /* 删除索引 */
```

其中,DROP INDEX 子句可以删除各种类型的索引。使用 DROP PRIMARY KEY 子句时不需要提供索引名称,因为同一张表只有一个主键。

【例 8.11】删除 BOOK_INFO 表上的主键和 UK_Bookname 索引。SQL 语句如下:

```
ALTER TABLE BOOK_INFO DROP PRIMARYKEY,DROP INDEX UK_Bookname;
```

8.4 综合案例——图书管理系统

数据库表使用第4章创建的“DB_LIBRARY”。

1)使用 CREATE INDEX 创建索引。

①对 USER_INFO 表中的 Email 字段创建普通索引 email。

```
CREATE INDEX email ON USER_INFO(Email);
```

②对 USER_INFO 表中的 User_name 字段和 Login_name 字段创建复合索引 name。

```
CREATE INDEX name ON USER_INFO(User_name,Login_name);
```

③对 USER_INFO 表中的 User_name 字段创建唯一索引 U_name。

```
CREATE UNIQUE INDEX U_name ON USER_INFO(User_name);
```

2)使用 Alter Table 添加索引。

①对 USER_INFO 表中的 Mobile 字段创建普通索引 mobile。

```
ALTER TABLE USER_INFO ADD INDEX mobile(Mobile);
```

②对 USER_INFO 表中的 Login_name 字段创建唯一索引 U_lname。

```
ALTER TABLE USER_INFO ADD UNIQUE INDEX U_lname(Login_name);
```

③对 USER_INFO 表中的 Id_card 字段和 Password 字段创建复合索引 key。

```
ALTER TABLE USER_INFO ADD INDEX key(Id_card,Password);
```

④删除 USER_INFO 表中的 User_name 字段的索引 U_name。

```
DROP INDEX U_name ON USER_INFO;
```

⑤删除 USER_INFO 表中的 Login_name 字段的索引 U_lname。

```
DROP INDEX U_lname ON USER_INFO;
```

8.5 实训项目——生产管理系统

8.5.1 实训目的

①掌握索引的功能和作用。

②掌握索引的创建和管理方法。

8.5.2 实训内容

数据库使用第 4 章的“生产管理系统”数据库。

按照以下要求对 PRODUCT_INFO 表建立相关索引。

1)使用 CREATE INDEX 语句创建索引

①对 PRODUCT_INFO 表中的产品名称字段创建普通索引。

②对 PRODUCT_INFO 表中的创建人字段创建全文索引。

③对 PRODUCT_INFO 表中的规格型号 Id 字段创建唯一索引。

2)使用 ALTER TABLE 语句添加索引

对 USER_INFO 表中的产品信息 Id 字段创建主键索引以及产品名称字段创建唯一索引。

3)创建表的同时创建索引

创建一个管理员信息表(编号、姓名、部门、身份证号、登录名称),并对编号创建主键,在姓名和身份证号上创建唯一索引。

使用 SHOW CREATE TABLE 语句查看 PRODUCT_INFO 的索引情况。

本章小结

索引是加快查询的最重要的工具,MySQL 索引是一种特殊的文件,它包含着对数据表里所有记录的引用指针,查询的时候根据索引值直接找到所在的行。MySQL 会自动更新索引,以保持索引总是和表的内容保持一致。

MySQL 主要索引类型分为普通索引、唯一性索引、主键索引和全文索引,通过使用 CREATE INDEX 语句、ALTER TABLE 语句和可以在创建表时创建索引。

当查询涉及多个表和表记录很多时,索引可以加快数据检索的速度。但是索引也有其弊端,索引需要占用额外的磁盘空间,在更新表的同时也需要更新索引,从而降低了表的写入操作效率;表中的索引越多,更新表的时间就越长。

课后习题

1. 下面哪种场景不能用到 Index 索引?(　　)

A. Select * from customer where customer_id = 10;

B. Select * from customer where LEFT(last_name,4) = 'SMIT';

C. Select * from customer where customer_name LIKE 'SMIT%';

D. Select * from customer where customer_id = 4 OR customer_id = 7 OR customer_id = 10;

2. 下面哪种方式不属于 MySQL 常见索引类型?

A. 前缀索引　B. 函数索引　C. 唯一索引　D. 聚集索引

3. UNIQUE 唯一索引的作用是(　　)

A. 保证各行在该索引上的值都不得重复

B. 保证各行在该索引上的值不得为 NULL

C. 保证参加唯一索引的各列,不得再参加其他索引

D. 保证唯一索引不能被删除

4. 可以在创建表时用(　　)来创建唯一索引,也可以用(　　)来创建唯一索引。

A. Create table,Create index

B. 设置主键约束,设置唯一约束

C. 设置主键约束,Create index

D. 以上都可以

5. 为数据表创建索引的目的是(　　)。

A. 提高查询的检索性能　B. 归类

C. 创建唯一索引　D. 创建主键

6. 关系数据库中,主键是(　　)。

A. 创建唯一的索引,允许空值

B. 只允许以表中第一字段建立

C. 允许有多个主键的

D. 为标识表中唯一的实体

7. 下列哪些语句对主键的说明正确?(　　)

A. 主键可重复　B. 主键不唯一

C. 在数据表中的唯一索引　D. 主键用 foreign key 修饰

8. 举例说明索引的概念和作用。

9. 举例说明什么是全文索引并写出创建全文索引的 SQL 语句。

第 9 章　存储过程和函数

关于 MySQL 中的存储过程/函数,可以类比 Java 中的方法进行理解,它们都是对一些经常要用到的代码打包封装到一个方法中,在需要用到的地方直接调用方法名就可以了,这样就省去了很多重复代码的编写。当然对于 MySQL 中存储过程/方法的调用同 Java 中的方法有些许不同。另外有一点就是在执行 SQL 语句的时候涉及两个步骤:和 MySQL 服务器进行连接;对原始 SQL 语句进行编译。经过这两个步骤后,我们才能真正地从数据库中查到数据(或其他 CRUD 操作)。

学习目标

- 掌握存储过程
- 掌握存储函数的使用

9.1　存储过程

9.1.1　概念

存储过程是存放在数据库中的一段程序,是数据库对象之一。它由声明式的 SQL 语句(如 CREATE、UPDATE 和 SELECT 等语句)和过程式 SQL 语句(如 IF-THEN-ELSE 语句)组成。存储过程可以由程序、触发器或者另一个存储过程来调用它而激活,实现代码段中的 SQL 语句。

9.1.2　存储过程的优点

1)有助于提高应用程序的性能

一旦创建,存储过程就会被编译并存储在数据库中。但是,MySQL 实现的存储过程略有不同。MySQL 存储过程是按需编译的。编译存储过程后,MySQL 将其放入缓存并为每个连接维护自己的存储过程缓存。如果应用程序在单个连接中多次使用存储过程,则使用编译版本，否则，存储过程的工作方式类似于查询。

存储过程有助于减少应用程序和数据库服务器之间的流量，因为应用程序必须只发送存储过程的名称和参数，而不是发送多个冗长的 SQL 语句。

存储过程对任何应用程序都是可重用且透明的。存储过程将数据库接口公开给所有应用程序，开发人员不必开发存储过程中已经支持的功能。

2）提高数据库的安全性和数据的完整性

存储过程提高安全性的一个方案就是把它作为中间组件，存储过程里可以对某些表做相关操作，然后存储过程作为接口提供给外部程序。这样，外部程序无法直接操作数据库表，只能通过存储过程来操作对应的表，因此在一定程度上，安全性是可以得到提高的。

3）使数据独立

数据的独立可以达到解耦的效果，也就是说，程序可以调用存储过程来替代执行多条的 SQL 语句。这种情况下，存储过程把数据同用户隔离开来，优点就是当数据表的结构改变时，调用表不用修改程序，只需要数据库管理者重新编写存储过程即可。

9.1.3　创建和使用存储过程

1）存储过程

创建存储过程的语法格式：

```
CREATE PROCEDURE sp_name([proc_parameter[,...]])
routine_body
```

其中，proc_parameter 的参数如下：

```
[ IN | OUT | INOUT ] param_name type
```

语法说明：param_name 为参数名，type 为参数的类型，当有多个参数的时候，中间用逗号隔开。存储过程可以有 0 个、1 个或多个参数。MySQL 存储过程支持 3 种类型的参数：输入参数、输出参数和输入/输出参数，关键字分别是 IN、OUT 和 INOUT。输入参数使数据可以传递给一个存储过程。当需要返回一个答案或结果的时候，存储过程使用输出参数。输入/输出参数既可以充当输入参数，也可以充当输出参数。存储过程也可以不加参数，但是名称后面的括号是不可省略的。

routine_body：存储过程的主体部分，也叫做存储过程体。里面包含了在过程调用的时候必须执行的语句，这个部分总是以 BEGIN 开始，以 END 结束。当然，当存储过程体中只有一个 SQL 语句时，可以省略 BEGIN-END 标志。

技巧:创建存储过程时,系统默认指定 contains SQL,表示存储过程中使用了 SQL 语句。但是,如果存储过程中没有使用 SQL 语句,最好设置为 no SQL。

调用存储过程的语法格式:

```
CALL sp_name([parameter[,…]])
```

语法说明:sp_name 为存储过程的名称,如果要调用某个特定数据库的存储过程,则需要在前面加上该数据库的名称。

2)DELIMITER 命令

可以用 MySQL DELIMITER 来改变默认的结束标志。

语法格式:

```
DELIMITER $$
```

语法说明:$$是用户定义的结束符,通常使用一些特殊的符号。

【例 9.1】把结束符改为##,执行 select 1+1##。

```
DELIMITER ##
SELECT 1+1##
```

要想恢复使用分号";"作为结束符,运行下面命令即可:

```
DELIMITER ;
```

9.1.4 变量

1)DECLARE 语句申明局部变量

存储过程和函数可以定义和使用变量,它们可以用来存储临时结果。

DECLARE 语法格式:

```
DECLARE var_name1[,var_name2]…type [ DEFAULT value ]
```

语法说明:var_name 为变量名;type 为变量类型;DEFAULT 子句给变量指定一个默认值,如果不指定,默认为 NULL 的话。

【例 9.2】声明一个整型变量和两个字符变量。

```
DECLARE num INT(4);
DECLARE sttr1,str2 VARCHAR(6);
```

2)用 SET 语句给变量赋值

SET 语法格式:

```
SET var_name =exper[,var_name = exper]
```

语法说明:DECLARE 定义的变量的作用范围是 BEGIN… END 块内,只能在块中使用。SET 定义的变量为用户变量。

【例 9.3】将存储过程中主体 num 变量的值改为 10。

```
SET num = 10;
```

3)使用 SELECT 语句给变量赋值

SELECT 语法格式:

```
SELECT col_name[,…] into var_name[,…] table_expr
```

【例 9.4】存储过程体中,将 Book_INFO 表中的书名为"MySQL 基础教程'的作者姓名和价格的值分别赋给变量 name 和 price。

```
SELECT Auther,Price INTO name, price
FROM Book_INFO
WHERE Book_name = 'MySQL 基础教程';
```

9.1.5 流程的控制

流程控制语句是用来控制程序执行流程的语句。在 MySQL 中,常见的过程式 SQL 语句可以用在一个存储过程体中。例如:IF 语句、CASE 语句、LOOP 语句、WHILE 语句、CASE 语句和 REPEAT 语句。

1)IF 语句

语法格式:

```
IF search_condition THEN statement_list
  [ELSEIF search_condition THEN statement_list ]...
    [ELSE  statement_list]
    END IF
```

【例 9.5】创建存储过程,判断输入的两个参数中的较大值。

```
DELIMITER $ $
CREATE PROCEDURE COMPAR
(IN K1 INTEGER, IN K2 INTEGER, OUT K3 CHAR(6))
BEGIN
    IF K1 >K2 THEN
        SET K3 = '大于';
```

```
    ELSEIF K1 = K2 THEN
        SET K3 = '等于';
    ELSE
        SET K3 = '小于';
    END IF;
END $ $
DELIMITER ;
```

2)CASE 语句

语法格式:

```
    CASE case_value
    WHEN when_value THEN statement_list
  [WHEN when_value THEN statement_list]...
        [ELSE statement_list]
END CASE
```

或者:

```
CASE
    WHEN search_condition THEN statement_list
    [WHEN search_condition THEN statement_list]...
    [ELSE statement_list]
END CASE
```

【例 9.6】创建一个存储过程,当给定参数为 R 时返回"红灯",给定参数为 G 时返回"绿灯",给定参数为 Y 时返回"黄灯",给定其他参数时返回"错误"。

```
# 第一种
 DELIMITER $ $
 CREATE PROCEDURE PRONAME
     (IN str VARCHAR(1), OUT direct VARCHAR(4))
  BEGIN
    CASE str
      WHEN 'R' THEN SET direct ='红灯';
      WHEN 'G' THEN SET direct ='绿灯';
      WHEN 'Y' THEN SET direct ='黄灯';
```

```
        ELSE   SET direct  ='不变';
    END CASE;
    END $ $
DELIMITER ;
# 第二种
DELIMITER $ $
CREATE PROCEDURE PRONAME
        (IN str VARCHAR(1), OUT direct VARCHAR(4))
    BEGIN
        CASE
        WHEN str ='R' THEN SET direct  ='红灯';
        WHEN str ='G' THEN SET direct  ='绿灯';
        WHEN str ='Y' THEN SET direct  ='黄灯';
        ELSE   SET direct  ='不变';
    END CASE;
    END $ $
DELIMITER ;
```

3)WHILE 语句

语法格式:

```
[begin_label:] WHILE search_condition   DO
statement_list
END WHILE [end_label]
```

【例9.7】创建一个存储过程,使用 WHILE 实现 1 到 10 的累加求和。

```
DELIMITER $ $
CREATE PROCEDURE dowhile()
BEGIN
  DECLARE v1 INT DEFAULT 10;
  DECLARE sumCount INT DEFAULT 0;
  WHILE   v1 > 0   DO
  SET sumCount  =  sumCount  +  v1;
        SET v1  =  v1  -  1;
```

```
    END WHILE;
END $ $
DELIMITER ;
```

4)REPEAT 语句

REPEAT 语句是有条件控制的循环语句。

语法形式:

```
[begin_label:] REPEAT
    statement_list
UNTIL search_condition
END REPEAT [end_label]
```

语法说明:REPEAT 语句首先执行 statement_list 中的语句,然后判断 search_condition 是否为真,为真则停止循环,不为真则继续循环。

【例 9.8】创建一个存储过程,使用 REPEAT 实现 1 到 10 的累加求和。

```
DELIMITER $ $
CREATE PROCEDURE doRepeat()
BEGIN
    DECLARE v1 INT DEFAULT 10;
    DECLARE sumCount INT DEFAULT 0;
    REPEAT
    SET sumCount = sumCount + v1;
            SET v1 = v1 - 1;
      UNTIL v1 <1
    END REPEAT;
END $ $
DELIMITER ;
```

5)LOOP 语句

LOOP 语句可以使用某些特定的语句重复执行,实现简单的循环。

语法格式:

```
[begin_label:] LOOP
statement_list
END LOOP [end_label]
```

语法说明：在循环内的语句一直重复至循环被退出，退出时通常伴随着一个 LEAVE 语句。结构如下：

```
LEAVE  label
```

语法说明：ITERATE 语句主要用于跳出本次循环，然后进入下一轮循环。结构如下：

```
ITERATE  label
```

【例 9.9】创建一个存储过程，使用 LOOP 实现 1 到 10 的累加求和。

```
DELIMITER $ $
CREATE PROCEDURE doLoop( )
BEGIN
  DECLARE v1 INT DEFAULT 10;
  DECLARE sumCount INT DEFAULT 0;
      Label:LOOP
      IF v <0 THEN
          LEAVE Label;
      END IF;
      SET v1 =v1  -1;
      SET sumCount = sumCount + v1;
  END LOOP Label;
END $ $
DELIMITER ;
```

9.1.6　查看存储过程

1) 查看存储过程的状态

查看存储状态需要通过 show status 语句，该语句还适用于查看自定义函数的状态。

语法格式：

```
SHOW{ PROCEDURE | FUNCTION} STATUS [LISK  'pattern'];
```

【例 9.10】查看 doLoop 存储过程的状态。

```
SHOW PROCEDURE STATUS LIKE 'doLoop';
```

2) 查看存储过程的具体信息

如果要查看存储过程的详细信息，要使用 SHOW CREATE 语句。

语法格式：

```
SHOW CREATE{ PROCEDURE | FUNCTION } sp_name;
```

3)查看所有的存储过程

语法格式：

```
SELECT  * FROM information_schema. routines [WHERE routine_name = '名称']
```

【例 9.11】通过 SELECT 语句查询出存储过程 doLoop 的信息。

```
SELECT  * FROM information_schema. routines WHERE routine_name = 'doLoop'\G;
```

9.1.7 修改存储过程

修改存储过程是指修改已经定义好的存储过程。

语法格式：

```
ALTER PROCEDURE sp_name [characteristic..]
特征
characteristic:
{ CONTAINS SQL | NO SQL | READS SQL DATA | MODIFIES SQL DATA }
| SQL SECURITY { DEFINER |INVOKER }
| COMMENT 'string'
```

语法说明：

NO SQL：表示子程序中不包含 SQL 语句。

READS SQL DATA：表示子程序中包含读数据的语句。

MODIFIES SQL DATA：表示子程序中包含写数据的语句。

SQL SECURITY { DEFINER |INVOKER }：指明谁有权限来执行。

DEFINER：表示只有定义者自己才能够执行。

INVOKER：表示调用者可以执行。

COMMENT 'string'：表示注释信息。

【例 9.12】修改存储过程 doLoop 的定义。

```
ALTER PROCEDURE doLoop
NO SQL
SQL SECURITY INVOKER;
```

9.1.8　删除存储过程

存储过程创建后需要删除时使用 DROP PROCEDURE 语句。在此之前,必须确认该存储过程没有任何依赖关系,否则会导致其他与之管理的存储过程无法运行。

语法格式:

```
DROP PROCEDURE  [IF EXISTS] sp_name;
```

【例 9.13】删除存储过程 doLoop。

```
DROP PROCEDURE  IF EXISTS doLoop;
```

9.2　存储函数

9.2.1　概念

存储函数是一种与存储过程十分相似的过程式数据库对象。

它与存储过程一样,都是由 SQL 语句和过程式语句组成的代码片段,并且可以被应用程序和其他 SQL 语句调用。

9.2.2　存储过程和函数区别

存储过程和函数存在以下几个区别:

一般来说,存储过程实现的功能要复杂一点,而函数的实现的功能针对性比较强。

对于存储过程来说,可以返回参数,如记录集,而函数只能返回值或者表对象。

存储过程,可以使用非确定函数,不允许在用户定义函数主体中内置非确定函数。

存储过程一般是作为一个独立的部分来执行,而函数可以作为查询语句的一个部分来调用。

9.2.3　创建和使用存储函数

创建存储函数语法格式:

```
CREATE FUNCTION sp_name([func_parameter[,...]])
    RETURNS type value
routine_body
```

语法说明：

sp_name：存储函数的名称。存储函数不能拥有与存储过程相同的名字。

func_parameter：存储函数的参数。参数只有名称和类型，不能指定 IN、OUT 和 INOUT。

RETURNS type：子句声明函数返回值的数据类型。

routine_body：存储函数的主体，也叫存储函数体，所有在存储过程中使用的 SQL 语句在存储函数中也适用。但是存储函数体中必须包含一个 RETURN value 语句，value 为存储函数的返回值。这是存储过程体中没有的。

RETURN 子句中包含 SELECT 语句时，SELECT 语句的返回结果只能是一行且只能有一列值。

在 MySQL 中，存储函数的使用方法与 MySQL 内部函数的使用方法是一样的。换言之，用户自己定义的存储函数与 MySQL 内部函数是一个性质的。

【例 9.14】创建一个存储函数，返回图书信息的图形种类个数。

```
# 创建
DELIMITER $ $
CREATE FUNCTION num_book()
RETURNS INTEGER
    BEGIN
    RETURN(SELECT COUNT( * )FROM Book_INFO);
    END $ $
DELIMITER ;
# 调用
SELECT num_book();
```

9.2.4 查看存储函数

如果要查看存储函数的详细信息，要使用 SHOW CREATE 语句。

语法格式：

```
SHOW CREATE{ PROCEDURE | FUNCTION} sp_name;
```

【例 9.15】查看 num_book 自定义函数的具体信息，包含函数的名称、定义、字符集等信息。

```
SHOW CREATE  FUNCTION num_book;
```

9.2.5　修改存储函数

修改存储函数是指修改已经定义好的存储函数。

语法格式:

```
# 格式
ALTER FUNCTION sp_name [characteristic...]
# 特征
characteristic:
{ CONTAINS SQL | NO SQL | READS SQL DATA | MODIFIES SQL DATA }
| SQL SECURITY { DEFINER |INVOKER }
| COMMENT 'string'
```

说明:特征说明与存储过程一致。

【例9.16】修改存储过程 num_book 的定义。

```
ALTER FUNCTION num_book
MODIFIES SQL DATA
SQL SECURITY INVOKER;
```

9.2.6　删除存储函数

存储函数创建后需要删除时,则使用 DROP FUNCTION 语句。

语法格式:

```
DROP　FUNCTION　[IF EXISTS] sp_name;
```

【例9.17】删除存储函数 num_book。

```
DROP　FUNCTION　IF EXISTS num_book;
```

9.3　综合案例——图书管理系统

数据库表使用第4章创建的"DB_LIBRARY"。

①创建一个存储过程,在有用户预约借阅书籍之后,添加一条记录到借阅预约信息表中。

```
CREATE PROCEDURE insert_borrow(
    IN id INT,
    IN bookId INT,
    IN userId INT,
    IN borrowTime date,
    IN appointTime date,
    IN createTime datetime,
    IN remark varchar(255))
BEGIN
INSERT INTO BOOK_OR_INFO VALUES(Id,bookId,userId,borrowTime,appointTime,
createTime,remark);
END;
```

调用以上存储过程。

```
CALL insert_borrow('01','215','01','2020-01-02','2020-01-01','2020-01-01','借阅书
籍');
```

②创建一个存储过程,在有新书到需要登记进图书数据库中时,添加一条记录到图书信息表中。

```
CREATE PROCEDURE insert_book(
IN id INT,
IN bookName varchar(50),
IN author varchar(50),
IN price Decimal,
IN cd INT,
IN publish varchar(50),
IN bookClassifyId INT,
IN account INT,
IN ISBN varchar(50),
IN createTime datetime,
IN remark varchar(255))
BEGIN
```

```
    INSERT INTO BOOK_INFO VALUES(Id, bookName, author, price, cd, publish,
bookClassifyId,account,ISBN,createTime,remark);
    END;
```

调用以上存储过程。

```
    CALL insert_book('21562','数据库基础','周德伟','35',1,'人民邮电出版社',5,3,'
13564952','2020-01-01','存入书籍');
```

③创建一个存储过程,在有新用户注册的时候,添加一条记录到用户信息表中。

```
    CREATE PROCEDURE insert_user(
    IN id INT,
    IN userName varchar(255),
    IN birthDate date,
    IN idCard varchar(255),
    IN loginName varchar(255),
    IN password varchar(50),
    IN mobile varchar(50),
    IN email varchar(50),
    IN deptId INT,
    IN roleId INT)
BEGIN
INSERT INTO USER_INFO VALUES(id,userName,birthDate,idCard,loginName,password,
mobile,email,deptId,roleId);
END;
```

调用以上存储过程。

```
    CALL insert_user('101','lucy','2000-05-04','xxxxxxxxxxxxx','lucy','123456','
173xxxx5623','562xxxxx.qq.com',0,1)
```

④创建一个存储函数 BOOK_NUM,返回图书的总数,并调用该函数输出结果。

```
    CREATE FUNCTION BOOK_NUM()
RETURNS Integer
RETURN(SELECT COUNT(*)FROM BOOK_INFO);
```

调用存储函数并输出结果。

```
    SELECT BOOK_NUM();
```

9.4 实训项目——生产管理系统

9.4.1 实训目的

①掌握存储过程的创建与使用。

②掌握存储函数的创建与使用。

9.4.2 实训内容

①数据表使用第四章的“生产管理系统”数据库的产品信息表。

②创建一个存储过程,要求传入产品信息 Id、产品名称、分类 id、品牌 id,判断是否存在,若是提示存在重复项,否则插入产品信息,提示插入成功。

③多次调用该存储过程,查看显示结果。

④创建生产工序表,该表含有 make_work_id、make_id、work_id 字段。

⑤创建存储函数,要求传入生产 Id 查询该产品的工序 Id,并将最高工序返回。

⑥调用该存储函数。

本章小结

存储过程是存放在数据库中的一段程序。存储过程可以由程序、触发器或另一个存储过程用 CALL 语句来调用它而激活。

存储函数与存储过程类似,但存储过程一旦定义,可以像系统函数一样直接引用,而不用 CALL 语句来调用。

课后习题

1. 存储过程是一组预先定义并(　　)的 Transact-SQL 语句。

A. 保存　　　B. 编写　　　C. 编译　　　D. 解释

2. 对同一存储过程连续两次执行命令 DROP PROCEDURE IF EXISTS,将会(　　)。【多选】

A. 第一次执行删除存储过程,第二次产生一个错误

B. 第一次执行删除存储过程,第二次无提示

C. 存储过程不能被删除

D. 最终删除存储过程

3. MySQL 存储函数的描述正确的是(   )。

A. 存储函数在服务器端运行

B. 存储函数用 CALL 语句调用

C. 存储函数既可以有输入参数又可以有输出参数

D. 存储函数中必须包括 RETURN 语句

4. 在 MySQL 中,存储过程可以使用(   )。

A. 局部变量　　B. 用户变量

C. 系统变量　　D. 以上皆可以使用

5. 请分别解释存储过程和存储函数。

6. 存储过程与存储函数的区别是什么?

参考文献

[1] 传智播客高教产品研发部. MySQL 数据库入门[M]. 北京:清华大学出版社,2015.

[2] 汪晓青. Mysql 数据库基础(实例教程)[M]. 北京:人民邮电出版社, 2020.

[3] 周德伟. Mysql 数据库基础实例教程(微课版)[M]. 北京:人民邮电出版社, 2021.

[4] 陈承欢,汤梦娇. Mysql 数据库应用、涉及与管理任务驱动教程[M]. 北京:人民邮电出版社, 2021.

[5] Baron scbwartz, Peter Zaitsev, Vadim Tkacbenko. 高性能 Mysql[M]. 北京:电子工业出版社, 2013.

[6] 鲁大林. MySQL 数据库应用与管理[M]. 北京:机械工业出版社,2019.

[7] 夏辉. MySQL 数据库基础与实践[M]. 北京:机械工业出版社,2017.